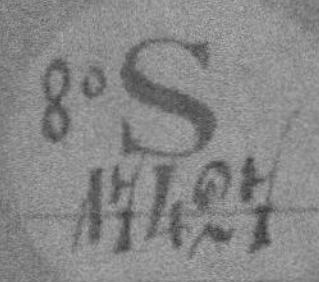

LES
BASES PHYSICO-CHIMIQUES
DE LA
RÉGÉNÉRATION

PAR

Jacques LOEB
Membre de l'Institut Rockefeller pour les recherches médicales

TRADUIT DE L'ANGLAIS
Par H. MOUTON

PARIS

GAUTHIER-VILLARS ET C*, ÉDITEURS
LIBRAIRES DU BUREAU DES LONGITUDES, DE L'ÉCOLE POLYTECHNIQUE
55, Quai des Grands-Augustins

1926

LES

BASES PHYSICO-CHIMIQUES

DE LA

RÉGÉNÉRATION

PARIS. — IMPRIMERIE GAUTHIER-VILLARS ET Cⁱᵉ.

55, Quai des Grands-Augustins.

73862

LES
BASES PHYSICO-CHIMIQUES

DE LA

RÉGÉNÉRATION

PAR

Jacques LOEB

Membre de l'Institut Rockefeller pour les recherches médicales

TRADUIT DE L'ANGLAIS

Par H. MOUTON

PARIS

GAUTHIER-VILLARS ET Cᵉ, ÉDITEURS

LIBRAIRES DU BUREAU DES LONGITUDES, DE L'ÉCOLE POLYTECHNIQUE

55, Quai des Grands-Augustins

—

1926

PRÉFACE.

Si nous nous reportons d'une génération en arrière, nous voyons que les biologistes ont eu depuis de longues discussions sur les conceptions vitaliste et mécanique des processus vitaux. Ces discussions ont été provoquées tout d'abord par les expériences de Roux et de Driesch sur le développement d'œufs dont une partie a été détruite ou enlevée lors des premiers stades de la segmentation. On a généralement ou fréquemment observé que le développement d'un œuf mutilé aboutit à la formation d'un organisme normal. Driesch soutint que ce phénomène ne pouvait admettre une explication purement physico-chimique et qu'il fallait supposer l'existence d'un principe directeur métaphysique lié à l'organisme dans son ensemble. Roux adopta une opinion opposée. La controverse n'aboutit jamais pour cette simple raison que, par suite de la taille microscopique des cellules de l'œuf, les expériences de ces deux auteurs ne purent être que qualitatives. On ne peut obtenir une explication correcte des phénomènes naturels qu'en partant d'expériences quantitatives, et l'explication envisagée consiste à retrouver les résultats observés à l'aide d'une formule mathématique rationnelle (ce qu'on appelle une *Loi*) sans introduction de constante arbitraire.

Les phénomènes de régénération ne se manifestent pas seulement dans les œufs, mais aussi chez les animaux adultes et chez les plantes. A leur sujet se posent plusieurs questions : d'abord pourquoi la mutilation d'un organisme provoque-t-elle des phénomènes de croissance qui sans elle ne se seraient pas produits ?

D'autre part, pour quelle raison arrive-t-il, non pas toujours, mais fréquemment, que le nouveau développement aboutisse à une sorte de restauration de la forme primitive propre à l'organisme mutilé ? Pour expliquer le caractère en apparence finaliste de la régénération chez les animaux adultes et chez les plantes, les vitalistes ont invoqué le même mystérieux « principe directeur » qu'ils avaient invoqué au sujet de l'œuf et qui serait aussi fréquemment capable de restaurer la forme qui caractérisait l'organisme intact.

La régénération chez les animaux et chez les plantes a été l'objet de publications nombreuses (¹), mais les expériences que l'on y cite ne sont généralement que qualitatives, et lorsqu'on a cherché à faire des mesures, celles-ci n'ont conduit à aucune relation rationnelle entre le processus de régénération et la mutilation de l'organisme, parce que l'on ne se faisait pas une conception nette de la nature des quantités qu'il fallait mesurer ; on ne peut y arriver qu'en ayant une idée claire de la relation physico-chimique que l'on se propose ou qu'il est nécessaire de vérifier.

L'auteur a depuis un grand nombre d'années entrepris des expériences quantitatives sur la régénération d'une plante,

---

(¹) Sans compter les travaux mentionnés dans le texte, le lecteur pourra consulter : D. BARFURTH, *Methoden zur Erforschung der Regeneration bei Tieren* [*Abderhalden's Handbuch der biologischen Arbeitsmethoden*, t. V, troisième Partie, fascicule 1, 1921], ainsi que les revues publiées par BARFURTH et DRIESCH, *Ergebnisse der Anatomie und Entwickelungsgeschichte*, t. XXII, 1914, et volumes suivants. Voir encore : E. KORSCHELT, *Regeneration und Transplantation*, Iena, 1905 ; H. PRZIBRAM, *Experimental Zoologie*, t. II, « Regeneration », Leipzig et Vienne, 1909. Les publications récentes les plus intéressantes sur la régénération sont celles du Laboratoire de Przibram dues à Przibram lui-même et à ses collaborateurs. Au sujet du problème de la croissance, qui est d'importance fondamentale pour l'étude de la régénération, le lecteur se reportera au livre de T. B. ROBERTSON, *The chemical Basis of Growth and Senescence*, Philadelphie et Londres, 1923.

Bryophyllum calycinum, et cela lui a permis de relier le processus de régénération avec la quantité de substance chimique contenue dans la plante. En comparant le poids pris à l'état sec des bourgeons et des racines produits par la régénération avec celui des feuilles ou des tiges sur lesquelles se produisaient ces organes, il a pu constater qu'en présence de la lumière la quantité d'organes ainsi produits était, toutes conditions d'éclairage, de température, etc., et aussi de temps étant égales, directement proportionnelle à la masse de feuilles ou de tiges soumises à l'expérience de régénération. Si nous faisons l'hypothèse légitime que la matière nécessaire à la formation de nouveaux bourgeons ou de nouvelles racines est, dans les conditions des expériences, produite par l'intervention de la chlorophylle contenue dans la feuille ou dans la tige, il en résulte que la grandeur de la régénération est déterminée dans ce cas par la masse de matière qui dans la tige ou dans la feuille est utilisable pour des phénomènes de synthèse. En se laissant guider par cette relation de masses (qui peut être au moins en partie identique à la loi d'action de masses), on a pu montrer que la mutilation d'une plante détermine l'accumulation de sève en des points où elle ne se fût pas amassée si cette mutilation n'avait pas eu lieu. Ainsi s'explique que la mutilation détermine une croissance en des points de l'organisme où il ne s'en serait point produit sans cela.

Le processus de régénération apparaît donc ainsi comme un phénomène purement physico-chimique qui ne laisse ni nécessité ni possibilité d'admettre l'intervention d'un « principe directeur » à côté des facteurs purement physico-chimiques.

L'auteur s'est borné à des expériences d'une forme unique, qui, d'ailleurs, est tout particulièrement favorable à l'étude quantitative de la régénération.

La raison de cette limitation, c'est qu'il avait en vue d'établir une loi rationnelle pouvant servir ultérieurement de guide dans les expériences sur ce phénomène. Il était essentiel pour cela de se borner tout d'abord à l'établissement de cette loi en se servant d'un organisme qui permit l'accomplissement des expériences quantitatives nécessaires : il s'est trouvé que le *Bryophyllum* s'y prêtait admirablement. Nous sommes déjà en possession d'une quantité énorme d'observations sur la régénération chez les différents animaux ou chez les plantes, mais elles sont impossibles à interpréter, quoique souvent curieuses : il a paru peu souhaitable d'ajouter encore à cet amas d'énigmes. Ce dont nous avons besoin dans ce domaine, ce ne sont pas de nouveaux faits, mais une méthode et un principe qui nous permettent de passer de la période d'empirisme aveugle à celle de la recherche orientée. Aussi longtemps que l'étude des phénomènes naturels reste au stade d'empirisme aveugle, nous ne savons jamais dans les expériences ni sur quoi doit porter notre attention, ni sur quoi nos mesures, et nous sommes incapables de juger si nous sommes sur la voie du progrès ou si nous nous perdons dans un dédale d'expériences sans portée. Lorsque nous avons pour guide une loi et une méthode rationnelle, ce danger disparaît. L'auteur pense que la relation de masses qu'il énonce peut rendre ce service dans le domaine de la régénération et que la méthode extrêmement simple, qui consiste à relier le poids sec d'organes dus à la régénération au poids sec de plantes sur lequel se produit le phénomène, fournit une méthode assez sûre pour obtenir, en première approximation, des résultats significatifs et des conclusions sûres.

Le texte de ce Livre se divisera en deux Parties ; dans la première, on établira une liaison entre la mutilation et la régénération grâce à la relation de masses et, dans la seconde, on essaiera de soumettre à un traitement semblable le problème de la polarité de la régénération.

Ce Livre a pour base un certain nombre de Mémoires publiés dans le *Journal of General Physiology*, mais il a paru utile de rassembler les principaux résultats obtenus sous forme d'une courte monographie où les faits soient présentés dans un ordre plus logique qu'il n'était possible de le faire dans les Mémoires originaux. Avant d'écrire ce Livre, on a répété à nouveau les expériences fondamentales nécessaires à la vérification de la théorie et, bien souvent, on a introduit de nouvelles expériences dans sa rédaction. Dans le but de permettre au lecteur de se représenter plus exactement les résultats expérimentaux, on a exécuté un grand nombre de dessins d'après nature et on les a introduits dans le texte. L'auteur doit ces dessins à la collaboration de Miss M. Hedge du bureau des illustrations de l'Institut Rockefeller.

Institut Rockefeller pour les recherches médicales.

New-York, janvier 1924.

Jacques LOEB.

BASES PHYSICO-CHIMIQUES

DE

LA RÉGÉNÉRATION

PREMIÈRE PARTIE.

MUTILATION ET RÉGÉNÉRATION.

CHAPITRE PREMIER.

INTRODUCTION.

1. Les organismes vivants sont, comme les cristaux, caractérisés par une forme définie qui dépend avant tout de la nature chimique de la matière dont ils sont formés. Les uns et les autres sont capables de s'accroître, mais non par le même moyen. Les cristaux grandissent dans des solutions sursaturées ou refroidies de la même sorte de molécules dont ils sont formés. Les cellules vivantes s'accroissent dans des solutions faiblement concentrées de substances chimiques plus simples que celles dont elles sont elles-mêmes composées; la croissance des cellules vivantes est ainsi précédée d'une synthèse des grosses molécules insolubles du cytoplasme et du noyau à partir de molécules relativement petites, telles que celles des acides aminés, des sucres, etc., qui se trouvent en dissolution dans le suc des tissus, la lymphe ou le sang.

Il est très intéressant de constater que les cristaux et les organismes vivants aient en commun la propriété de se régénérer. Lorsqu'on place un cristal mutilé dans une solution sursaturée ou refroidie de sa propre substance, il reprend son ancienne forme. Le même phénomène de réparation ou de restauration de la forme primitive s'observe dans les êtres vivants mutilés, mais le mécanisme de cette régénération est entièrement différent dans l'un et l'autre cas pour cette raison que le mécanisme de la croissance (grâce auquel s'accomplit la régénération) est différent.

Soit *abcd* (*fig.* 1) une face d'un cristal cubique tel que celui du

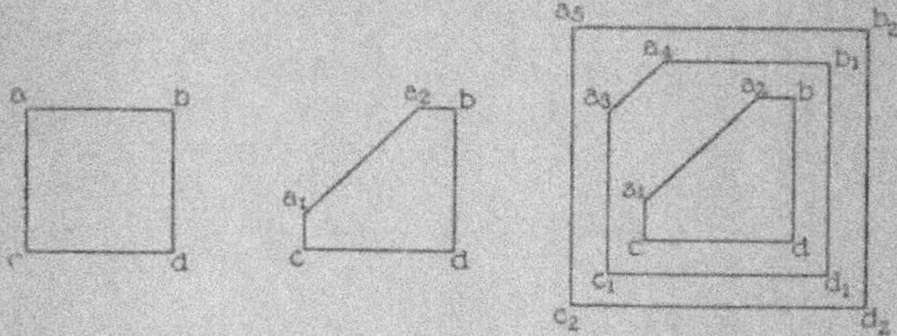

Fig. 1-3. — Diagramme représentant la régénération d'un cristal cubique mutilé. La figure 1 représente la face du cristal avant mutilation. La figure 2, le cristal mutilé (l'angle *a* est remplacé par la surface $a_1\,a_2$). La figure 3 représente l'élimination de la surface $a_1\,a_2$ par la croissance plus rapide du cristal sur cette surface.

sel marin. Dans une solution sursaturée ou refroidie de cette substance, ce cristal croîtra lentement en gardant toujours sa forme cubique, car la vitesse de croissance est rigoureusement la même pour chaque élément de la surface; cette vitesse est minima sur les surfaces normales du cristal. Lorsqu'un cristal est mutilé, lorsqu'on casse, par exemple, l'angle en *a* de sorte que la face prenne la forme $a_1\,a_2\,bdca_1$ (*fig.* 2), les anciennes surfaces normales $a_2\,b$, *bd*, *dc* et ca_1 continuent à croître avec leur ancienne vitesse minima. La vitesse avec laquelle s'accroît la nouvelle surface $a_1\,a_2$ est au contraire plus grande, d'une quantité qui dépend de l'angle de cette nouvelle surface avec les surfaces primitives à croissance minima. La conséquence de

l'accroissement plus rapide de la surface $a_1 a_2$ est qu'elle
arrive à s'éliminer peu à peu de la manière suivante : Consi-
dérons le point a_1 et un petit élément de surface de chaque côté
de ce point sur $a_1 a_2$ et sur $a_1 c$. Ce dernier continue à s'accroître
lentement, tandis que la croissance de celui qui se trouve sur la
nouvelle surface $a_1 a_2$ est plus rapide. Dès que ce dernier élément de surface se trouve au niveau de $a_1 c$, il croît en raison
du changement de son orientation avec la faible vitesse qui
caractérise cette surface primitive $a_1 c$. La même chose va se
produire à l'angle a_2, de sorte que la surface $a_1 a_2$ diminuera pro-
gressivement. C'est ce qu'indique schématiquement la figure 3,
où le polygone intérieur $a_1 a_2$ *bde* représente la face du cristal
mutilé au début de l'expérience et le polygone intermédiaire
$a_3 a_4$ $b_1 d_1 c_1$ la même face un peu plus tard. La vitesse de
croissance est représentée par la distance entre les lignes
anciennes et les nouvelles; la distance de $a_3 a_4$ à $a_1 a_2$ est plus
grande que celle de $a_3 c_1$ à $a_1 c$, etc. Il en résulte que $a_3 a_4$ est
plus petit que $a_1 a_2$, ou en d'autres termes que la blessure du
cristal « se guérit ». Cela continue jusqu'à ce que toute la
surface $a_1 a_2$, conséquence de la mutilation, disparaisse et soit
remplacée par l'angle a_4. Le cristal se trouve alors avoir
repris sa forme cubique primitive, représentée par la face
$a_4 b_2 d_2 c_2$. La régénération du cristal est donc la conséquence
de l'élimination spontanée de la face $a_1 a_2$ (*fig.* 2 et 3) créée par
la mutilation, du fait que les éléments de cette nouvelle surface
croissent plus rapidement, en raison de leur orientation nouvelle.

2. Nous allons passer rapidement en revue quelques exemples
typiques de régénération chez les êtres vivants. Les phénomènes y sont beaucoup plus complexes que dans les cristaux et,
d'ailleurs, entièrement différents. Choisissons comme le type le
plus simple de régénération chez les êtres vivants, celui d'une
anémone de mer, *Cerianthus membranaceus*. Disons que cet
organisme peut être représenté par un tube cylindrique creux
(*fig.* 4) fermé à un bout, l'extrémité aborale, et ouvert à l'autre,
l'extrémité orale; cette dernière est entourée d'un rang de
tentacules. Découpons un lambeau carré *abcd* (*fig.* 4) de la paroi

de ce tube cylindrique et mettons-le dans l'eau de mer; il peut y vivre bien qu'il ne soit pas capable de prendre de nourriture. Au bout d'un certain temps qui, si la température est basse, peut atteindre des semaines ou des mois, on verra de nouveaux tentacules bourgeonner sur l'un des quatre côtés *ab* du carré *abcd*

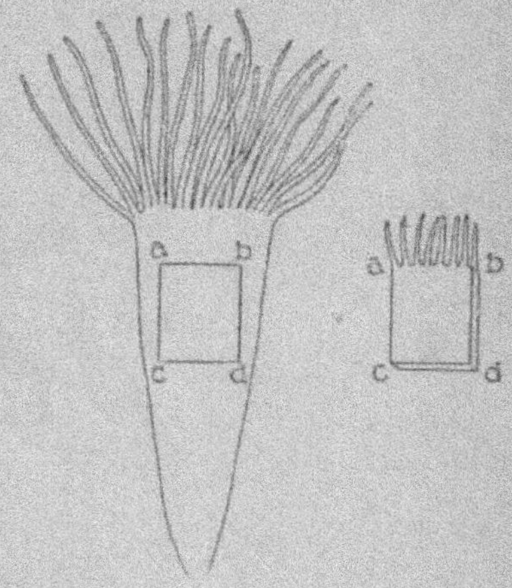

Fig. 4 et 5. — Image schématique d'une actinie à la surface de laquelle on a enlevé un lambeau de forme carrée *abcd* (*fig.* 4). La figure 5 montre ce lambeau après qu'il s'y est formé des tentacules sur le seul côté *ab*, celui qui était, dans l'animal, tourné du côté du pôle oral.

(*fig.* 5). Or ce côté se trouve être précisément celui qui était tourné vers l'extrémité orale de l'animal, et rien de pareil ne se montre sur les trois autres côtés [1]. On peut dire que tout élément longitudinal isolé de la paroi du corps de *Cerianthus* possède la propriété de s'accroître en tentacules à son extrémité orale, tandis qu'aucun accroissement analogue appréciable ne se

---

[1] J. LOEB, *Untersuchungen zur physiologischen Morphologie der Tiere*, II, Würzburg, 1891.

manifeste sur les trois autres côtés. Voilà un exemple de ce qu'on appelle le *type polaire* de régénération et qui a retenu l'attention des biologistes.

Si l'on se borne à faire une incision latérale dans la paroi du corps de *Cerianthus* (*abc*, *fig.* 6) des tentacules bourgeonnent au côté inférieur *bc* de l'incision. Rien de pareil ne se produit sur l'autre côté *ab* où l'on n'observe que le processus ordinaire de guérison d'une blessure par lequel, en fin de compte, l'incision

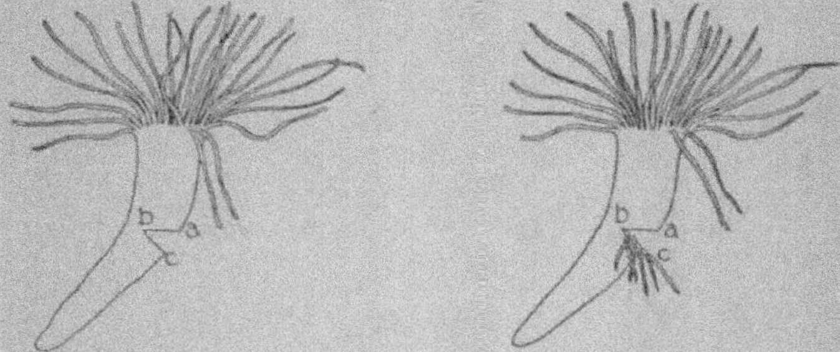

Fig. 6 et 7. — Résultats d'une coupure transversale pratiquée dans le corps d'une actinie. Le bord inférieur *bc* de la coupure *abc* donne seul naissance à des tentacules.

se trouvera fermée. Au bout d'un certain temps, l'animal prendra l'aspect représenté dans la figure 7.

L'eau de mer ne contient pas les matériaux nécessaires à la formation de tentacules nouveaux. Ceux-ci se forment aux dépens des substances contenues dans le suc des tissus qui baignent les cellules et ces substances solubles sont transformées par synthèse à l'intérieur des cellules en substances solides capables de former les tentacules régénérés. Les chromosomes du noyau déterminant la forme héréditaire des organes, leur constitution chimique doit être regardée, dans une certaine mesure, comme la cause de la formation de tentacules dans la pièce régénérée.

On peut choisir comme second type de régénération celui des

planaires d'eau douce étudié par Morgan (¹). Lorsqu'on découpe
un segment *acbd* (*fig.* 8) de l'animal perpendiculairement à son

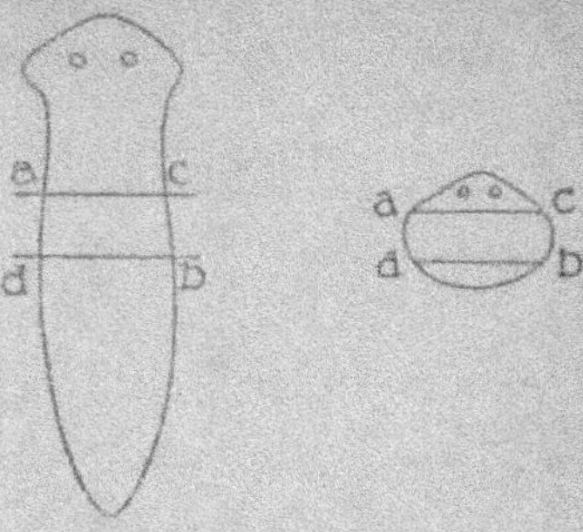

Fig. 8 et 9. — La figure 8 représente schématiquement une planaire
d'eau douce et montre le segment *acbd* qu'on découpe à angle droit
du plan de symétrie. La figure 9 montre ce segment lorsqu'il a régénéré
une nouvelle tête sur son bord oral et une nouvelle queue sur le
bord opposé.

axe longitudinal, ce segment va régénérer une nouvelle tête sur

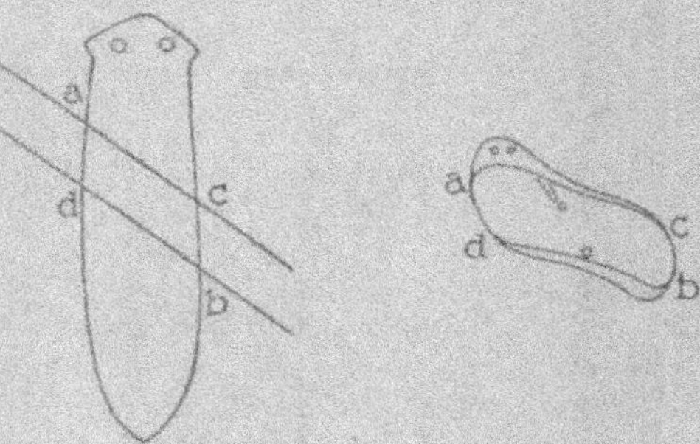

Fig. 10 et 11. — Lorsqu'on découpe dans une planaire un segment
oblique *ac d*, la régénération produit une petite tête vers l'angle *a*
du segment, le plus voisin de la tête de l'animal primitif et une nouvelle queue vers l'angle *b* le plus postérieur du segment (d'après
Morgan).

le côté *ac*, une nouvelle queue sur le côté opposé *bd*, et l'orga-

(¹) T.-H. MORGAN, *Regeneration*, New-York, 1901.

nisme qui en résultera aura l'aspect représenté par la figure 9.
Mais si la partie *acbd* détachée du corps a été coupée obliquement (*fig.* 10), il se formera une nouvelle tête de taille réduite
seulement à l'angle *a* placé le plus en avant, et une nouvelle
queue également réduite à l'angle *b* placé le plus en arrière
(*fig.* 11). Ce type de régénération diffère essentiellement de celui
de *Cerianthus*. Ici, le mode de régénération n'est plus le même

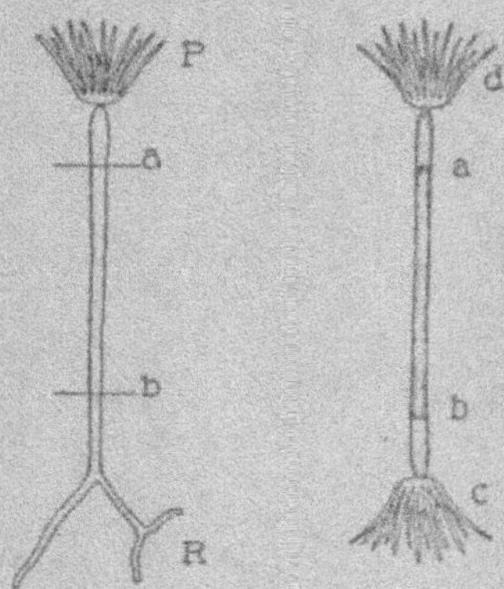

Fig. 12 et 13. — La figure 12 représente schématiquement un hydroïde
normal *Tubularia* et montre les sections qu'on y opère en *a* et *b*
(P, polype; R, pied de l'hydroïde). La figure 13 montre la régénération
hétéromorphe du segment *ab* qui forme un nouveau polype à chaque
extrémité.

pour tout élément longitudinal, mais dépend de l'angle sous
lequel est faite la section. Pour le *Cerianthus*, au contraire,
tout élément longitudinal de la paroi du corps donnait naissance à un tentacule à son extrémité orale, que la section fût
faite normalement par rapport à l'axe longitudinal de l'animal
ou obliquement.

On prendra comme troisième type de régénération un hydroïde,
la *Tubularia* (*fig.* 12). Cet animal nous fera connaître un mode
de régénération qui n'existe que chez les êtres vivants et jamais
(pour autant que l'auteur a pu s'en assurer) chez les cristaux.
La *Tubularia* est un être marin sessile pourvu d'un long corps

étroit dont une extrémité, le pied (R, *fig.* 12), est attachée à un corps solide, rocher ou pièce de bois, tandis que l'autre extrémité se termine en un polype ou tête (P, *fig.* 12). L'auteur de ce Livre a remarqué que lorsqu'on enlève de la tige d'une tubulaire un segment *ab*, qu'on suspend dans l'eau de mer, il se forme généralement un nouveau polype (*c* et *d*, *fig.* 13) à chaque extrémité du corps. Ici la régénération de la partie mutilée ne conduit pas à la restauration de l'organisme primitif, mais arrive à produire un organisme qu'on ne trouve jamais dans les conditions normales puisqu'il se termine par une tête à chaque extrémité et non par une tête du côté oral, par un pied du côté aboral. La substitution d'un type d'organe à un autre a reçu le nom *d'hétéromorphose* (¹) et l'on a décrit depuis un grand nombre de cas de régénération avec hétéromorphose.

On rencontre chez les plantes un type quelque peu différent de régénération où des bourgeons naissent régulièrement en des points définis d'avance. Ce type de régénération étant l'objet de ce petit Ouvrage, nous n'en parlerons pas davantage pour le moment (²).

On n'a donné jusqu'ici aucune explication scientifique de ces formes ou d'autres formes de régénération chez les êtres vivants, si l'on convient d'appeler explication scientifique une théorie mathématique qui relie rationnellement les résultats de mesures quantitatives. Un certain nombre des explications qui ont été formulées étaient purement verbales. On admettait, par exemple, que dans tout organisme un esprit directeur arrangeait la croissance suivant un plan préconçu (entéléchie de Driesch, morphestésie de Noll, etc.); les autres explications avaient pour base des hypothèses en contradiction flagrante avec les faits. On a souvent admis qu'une blessure devait produire une « hormone de blessure » spécifique. On peut dire que

---

(¹) J. Loeb, *Untersuchungen zur physiologischen Morphologie der Tiere*, I, Heteromorphose, Würzburg, 1890.

(²) On trouvera une série d'observations sur la régénération dans les plantes dans l'ouvrage de K. Goebel : *Einleitung in die experimentelle Morphologie der Pflanzen*, Leipzig et Berlin, 1908.

les expériences sur le *Bryophyllum* auxquelles ce Livre est con-
sacré excluent toute idée de « stimulus de blessure » ou d'« hormone de blessure ». Lorsqu'on détache une feuille d'une plante
de *Bryophyllum* et qu'on en plonge la pointe dans l'eau (*fig.* 14),
les crans de la feuille qui plongent dans l'eau donnent naissance
à un nouveau bourgeon et à de nouvelles racines. La seule lésion

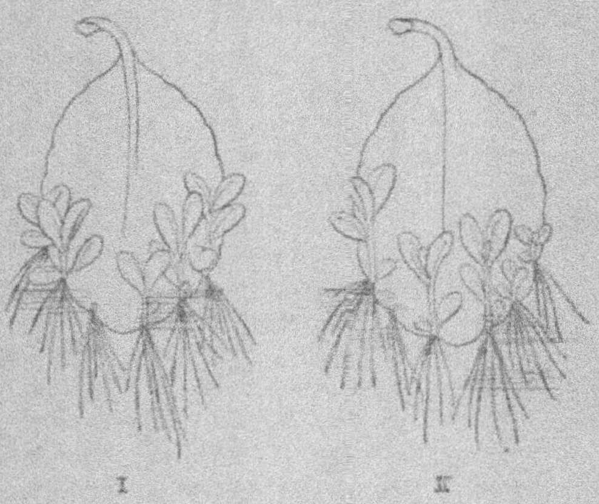

Fig. 14. — Feuilles opposées détachées de *Bryophyllum calycinum* dont
les pointes plongent dans l'eau (expérience du 20 mars au 11 avril 1923).
Des masses égales de feuilles donnent naissance à des masses égales
de bourgeons et de racines; ces nouveaux organes ne se produisent
que dans la partie mouillée des feuilles.

produite est, dans le cas présent, à la base du pétiole de la feuille,
mais il ne se produit aucune régénération, ni au point lésé, ni
dans son voisinage. Les points où se produit la croissance sont ici
justement dans les encoches de l'extrémité de la feuille, c'est-
à-dire aux points les plus éloignés de la blessure. Le bourgeon-
nement se produit d'ailleurs, même si un petit fragment de tige
est resté attaché à la feuille, auquel cas il n'y a aucune lésion à
la base du pétiole. Il peut même arriver (mais c'est chose bien
rare) qu'une feuille attachée à une tige produise en l'absence

de toute mutilation des bourgeons réduits. C'est ce qu'on a observé dans des plantes âgées où probablement le courant de sève de la feuille vers la tige était interrompu. Il est dans ces cas impossible d'attribuer la néo-formation et la régénération à une « hormone de blessure » ou à un « stimulus de blessure ».

On verra dans ce Livre que trois hypothèses seulement sont nécessaires à l'explication du phénomène de régénération observé dans le *Bryophyllum calycinum*, à savoir : 1° que, sous l'influence de la lumière, la chlorophylle détermine directement et indirectement dans la tige et dans les feuilles la formation des substances solubles nécessaires à la croissance : sucres, acides aminés et toutes autres substances spécifiques ou non qui peuvent être utiles. Nous n'avons pas à nous occuper ici de la nature particulière de ces substances ; nous admettons que la feuille ou la tige sont aptes à produire toutes celles qui sont utiles au développement de racines et de bourgeons nouveaux ; 2° nous admettons en second lieu que la quantité de matière formée sous l'influence de la lumière sur la chlorophylle croît proportionnellement à la masse de cette chlorophylle (toutes conditions d'éclairement, de température, d'humidité, de composition des liquides ou des gaz qui baignent la plante étant égales). Personne ne peut mettre sérieusement en discussion ces deux hypothèses ; 3° notre troisième hypothèse est que la masse de la chlorophylle dans la feuille ou la tige aux dépens de laquelle se fait la régénération reste sensiblement constante pendant le temps limité que dure l'expérience. Ceci n'est pas rigoureusement exact puisque les nouveaux bourgeons formés contiennent aussi de la chlorophylle. Mais l'expérience est de durée trop brève pour qu'il en résulte une erreur appréciable. C'est ce que montre bien le fait que le poids sec de bourgeons ou de racines que régénère une feuille ou une tige est (dans des conditions données et dans un temps donné) proportionnel à la masse de tige ou de feuille qui participe à la régénération. Nous désignerons par abréviation cette relation simple sous le nom de *relation de masses*.

On est prié de noter que c'est le poids de bourgeons ou de racines produit par une feuille ou une tige que l'on emploie comme mesure de la vitesse de croissance de ces nouveaux organes. La proportionnalité entre la masse des feuilles ou des tiges et celle des bourgeons et des racines qu'elles produisent ne se maintient plus forcément lorsque la croissance de ces nouvelles productions n'est plus exclusivement ou presque exclusivement fonction de l'activité assimilatrice de la feuille ou de la tige.

Que la relation de masses soit ou non identique à la loi d'action de masses, il n'est pas nécessaire d'en discuter en ce qui concerne l'objet de notre Livre. Certainement, la relation de masses peut bien être avant tout une forme d'expression de la loi d'action de masses, car la première ébauche des bourgeons ou des racines est égale quelle que soit la masse de la feuille ou de la tige aux dépens de laquelle se fait la régénération. La masse de matière qui diffuse dans chaque organe naissant croît avec la masse de la feuille ou de la tige (pourvu que celles-ci reçoivent de la lumière) et, en chaque point de développement, la concentration des substances dissoutes dans le suc doit être par suite proportionnelle à la masse de l'organe mère. Il est bien possible que les points de croissance du jeune bourgeon restent petits et ne varient pas de taille pendant la première phase de la croissance; dans ce cas, la relation de masses reste identique à la loi des masses. Mais si les entre-nœuds du nouveau bourgeon croissent en épaisseur, la masse des cellules croissant dans un grand bourgeon régénéré doit être plus grande que dans un bourgeon plus petit et la relation de masses cesse d'être identique à la loi de masses. Aussi parlerons-nous toujours de relation de masses et non de loi de masses. La relation de masses, c'est-à-dire la proportionnalité de la masse de bourgeons et de racines régénérés à la masse de la tige ou de la feuille aux dépens de laquelle se produit le phénomène, est assez simple et assez précise pour nous guider dans le labyrinthe des phénomènes de régénération.

CHAPITRE II.

REMARQUES GÉNÉRALES SUR LES MATÉRIAUX EMPLOYÉS
ET SUR LES EXPÉRIENCES ELLES-MÊMES.

Les expériences dont on va parler ont été faites sur une plante, le *Bryophyllum calycinum*, dont l'auteur possède de nombreux spécimens issus d'un petit nombre de feuilles de la plante qui lui fut envoyée il y a neuf ans des Bermudes. Lorsqu'on détache de la tige de cette plante une feuille que l'on dépose sur un sol humide (ou qu'on suspend dans l'air humide) il peut naître sur chacun des crans de cette feuille des racines et des bourgeons qui sont l'origine de plantes nouvelles (*fig.* 14). On a constaté que c'est ordinairement ainsi que la plante se propage. Cette plante est formée d'une tige mince non ramifiée portant à chaque nœud deux feuilles qui atteignent une grande taille. En serre, les jeunes feuilles sont minces en été et deviennent charnues en hiver. La plante ne perd que ses feuilles les plus anciennes, c'est-à-dire les plus voisines de la base, tandis que de nouvelles feuilles apparaissent constamment au sommet. Il en résulte qu'en serre, les plantes se trouvent formées d'une mince tige verticale non ramifiée dont la grosseur peut atteindre celle du pouce, et la hauteur 2^m et même plus. Cette tige porte des feuilles aux nœuds supérieurs voisins du sommet, le bas de la tige en étant dépouillé. Comme on l'a dit, chaque nœud porte deux feuilles opposées, et l'axe qui joint les feuilles d'un nœud est à angle droit des axes correspondant aux nœuds voisins. Il n'y a qu'un petit nombre de plantes qui fleurissent en serre : ce sont celles qui reçoivent le plus de lumière. Le plus grand nombre des plantes, placées dans des parties moins bien éclairées de la serre, n'ont jamais fleuri. Ce sont celles-ci qui ont servi aux expériences.

Il est très important de donner à ces plantes certains soins.

En serre, elles peuvent souffrir de l'attaque des insectes, particulièrement des poux de plantes; il est nécessaire de les en débarrasser. Il est aussi important de savoir que ces plantes ne peuvent vivre dans les salles d'un laboratoire où l'on se sert de gaz d'éclairage, ni dans celles où l'on fume. On n'a pu faire d'expériences quantitatives de régénération quelque peu satisfaisantes dans les salles de laboratoire de l'Institut, en raison de la sensibilité de ces plantes à certaines impuretés de l'air. Toutes les expériences ont été réalisées dans une serre où la température se maintenait entre 20 et 30°, jamais au-dessous, où il n'y avait pas de gaz d'éclairage, et où il n'était pas permis de fumer.

Ceux qui voudraient répéter les expériences de l'auteur doivent avant tout prendre soin de réaliser les conditions nécessaires de pureté de l'air, de température, de bon éclairage et de protection de la plante contre les parasites.

Lorsqu'on sépare de leur tige des feuilles de *Bryophyllum calycinum*, chaque cran de la feuille peut donner naissance d'abord à des racines et un peu plus tard à des bourgeons (*fig.* 14). Ces organes ne peuvent se produire qu'en ces points déterminés, jamais en aucun autre. Si d'une feuille détachée on supprime le bord crénelé, il ne se forme, dans tout ce qui en reste, ni racines ni bourgeons. Tant qu'une feuille fait partie d'une plante normale, les points de croissance possible de son bord restent généralement à l'état dormant. Ce n'est que dans les vieilles plantes ou dans les vieilles feuilles (dans des cas où il est permis de supposer que le courant de sève de la feuille vers la tige est plus ou moins complètement arrêté) qu'une feuille donne parfois naissance à des racines et à des bourgeons, tout en restant attachée à la tige.

Les expériences ont été exécutées dans de grands aquariums où l'on avait mis une couche d'eau de 10^{mm}. De minces barres horizontales de fer étaient accrochées à des cordes tendues sur l'aquarium, et c'est à ces barres que l'on suspendait des feuilles ou des tiges mises en expérience. Pour que l'air de l'aquarium reste assez humide, ce récipient était presque complètement fermé par une plaque de verre.

Comme on l'a dit, il y a, à chaque nœud de la tige de *Bryo-phyllum*, deux feuilles de même âge et de même taille qu'on peut considérer comme contenant par unité de poids sec sensiblement la même quantité de chlorophylle et d'autres substances. On peut admettre d'autre part que l'activité relative de la chlorophylle par unité de poids de deux feuilles opposées est sensiblement la même. Par suite, on peut se servir de la quantité de racines et de bourgeons produits par des masses égales de deux feuilles opposées détachées, dans des conditions égales de temps, d'éclairage et de température pour vérifier la relation de masses en ce qui concerne la régénération.

Plusieurs semaines sont nécessaires à une feuille ou à une tige pour produire assez de bourgeons et de racines pour permettre des pesées exactes. Si le temps accordé à la régénération est trop court, les racines et les bourgeons restent trop petits, et, lorsqu'on les sépare, on commet une erreur considérable en raison de l'incertitude sur la place exacte de la section par rapport à la base des organes. Si, d'autre part, on laisse les bourgeons atteindre une taille trop grande, ils prennent une part de plus en plus grande à l'assimilation. Tant que leur masse assimilante est petite, vis-à-vis de celle de la feuille qui leur a donné naissance, on ne commet qu'une erreur insignifiante en la négligeant. En cas de nécessité, on peut déduire la masse des bourgeons de celle de la feuille pour calculer l'influence de la masse active de la feuille sur les racines et les bourgeons. L'auteur faisait durer ses expériences de trois à quatre semaines. La masse de nouveaux organes produits pendant ce temps dans les conditions de température et d'éclairage réalisées dans la serre était suffisante pour rendre relativement minime l'erreur possible commise quand on détachait les racines et les bourgeons. Pour tenir compte des variations accidentelles, on faisait chaque expérience sur un assez grand nombre de feuilles ou de tiges, rarement moins de six par opération.

La teneur en eau des feuilles, des racines et des bourgeons est assez variable pour qu'il soit impossible de tirer quelque conclusion de la pesée des organes frais; on devait se servir des poids secs. A cet effet, les organes étaient placés 24 heures environ dans une étuve portée à peu près à 100°. Des témoins ont permis de constater qu'on obtenait ainsi un poids sec constant.

Ces préliminaires une fois posés, nous sommes en mesure de faire connaître les faits qui démontrent que la production de racines et de bourgeons dans les feuilles opposées est proportionnelle à la masse active (ou au poids sec) de chacune d'elles.

CHAPITRE III.

RÉGÉNÉRATION DANS LES FEUILLES DÉTACHÉES DE « BRYOPHYLLUM ». EMPLOI DE LA RELATION DE MASSES.

On va montrer d'abord que des masses égales de feuilles opposées de *Bryophyllum calycinum* produisent en un temps égal et dans les mêmes conditions d'éclairage, de température, d'humidité et de milieu chimique des quantités égales de bourgeons et de racines.

Expérience I. — On a suspendu dans un aquarium 7 paires de feuilles opposées de taille égale, détachées de leur tige, leur extrémité terminale plongeant dans l'eau (*fig.* 14). L'expérience a duré du 20 mars au 12 avril 1923. Au fond des crans du bord des feuilles plongés dans l'eau ou voisins de sa surface sont nés des racines et des bourgeons. On présumait que chaque feuille d'une paire donnée produirait la même quantité d'organes nouveaux ou encore qu'en prenant sept feuilles, à savoir une de chaque paire, on aurait par gramme de poids sec de feuille autant d'organes nouveaux que pour les sept autres feuilles. C'est ce que l'expérience a vérifié à peu près. On a coupé les racines et les bourgeons au bout de 22 jours et on les a fait sécher 24 heures ainsi que les feuilles à l'étuve électrique à 100°. Dans le Tableau I, les deux séries de feuilles opposées sont désignées sous les noms de série I et série II.

Tableau I.

	Poids sec de			1^g de poids sec de feuilles a produit en	
	feuilles.	bourgeons de régénération.	racines de régénération.	bourgeons.	racines.
Série I........	$1^g,528$	$0^g,405$	$0^g,153$	265^{mg}	100^{mg}
Série II........	$1^g,665$	$0^g,464$	$0^g,166$	278^{mg}	100^{mg}

Chacune des deux séries de sept feuilles a produit à peu près la même masse de poids sec de racines et de bourgeons par gramme de poids sec de feuille.

Expérience II. — On a pris 19 paires de feuilles opposées, on a laissé intacte une feuille de chaque paire (qui a reçu le n° 2 dans la figure 15). L'autre feuille opposée a été coupée en deux morceaux, une partie vers la pointe, petite, et une grande partie basale (1 *a* et 1 *b*). Feuilles et fragments plongeaient dans l'eau leur partie la plus éloignée du pétiole (*fig.* 15). La figure montre que la masse des racines et des bourgeons produits par les feuilles opposées était à peu près proportionnelle à la masse des morceaux de feuilles. C'est ce que précisent les mesures inscrites dans le Tableau II. L'expérience a duré du 26 mars au 17 avril 1923: les 19 feuilles entières forment la série II, leurs 19 feuilles opposées (série I) avaient été découpées en deux morceaux (I$_a$ et I$_b$).

Tableau II

	Poids sec de			1^g de poids sec de feuilles a produit en	
	feuilles.	bourgeons de régénération.	racines de régénération.	bourgeons.	racines.
Série I$_a$........	$1^g,751$	$0^g,409$	$0^g,095$	234^{mg}	54^{mg}
Série I$_b$........	$4^g,384$	$0^g,872$	$0^g,248$	199	57
Série II........	$6^g,060$	$1^g,216$	$0^g,359$	201	58

L'expérience montre que la masse (sèche) de bourgeons et de racines régénérés par les feuilles opposées détachées de

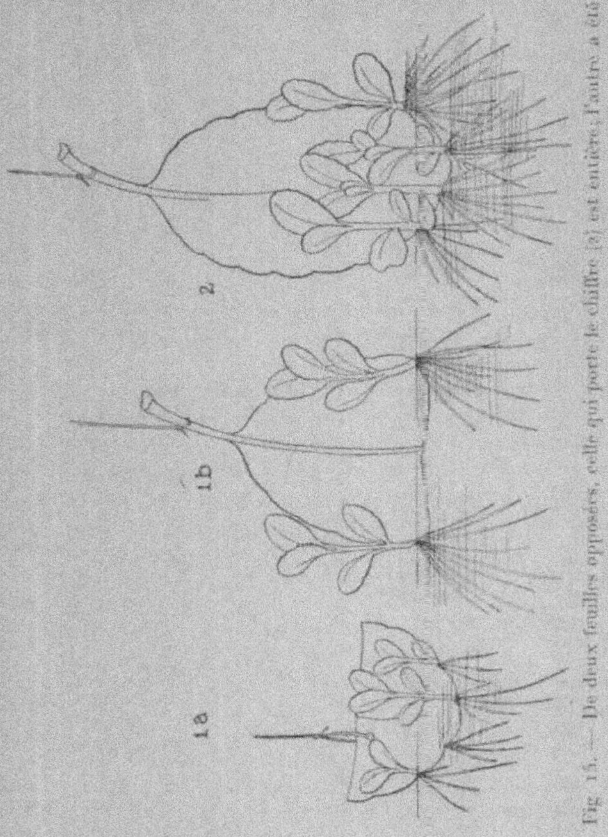

Fig. 15. — De deux feuilles opposées, celle qui porte le chiffre (2) est entière; l'autre a été coupée en deux morceaux, l'un plus petit formant la pointe de la feuille (1 a), l'autre plus grand en formant la base (1 b). La production de bourgeons et de racines est dans tous les cas proportionnelle à la masse de la feuille ou du fragment de feuille. (Expérience du 26 mars au 17 avril 1903.)

Bryophyllum varie, toutes conditions égales, à peu près proportionnellement à la masse (sèche) des feuilles. Si l'on admet que la masse de substance produite sous l'influence de la lumière dans les feuilles opposées varie comme la masse de celles-ci, on est amené à penser que la grandeur de la régénération dépend de la masse de matière produite dans la feuille sous l'influence de la lumière.

Si les bourgeons produits dans les plus petites parties du sommet de la feuille (1 a) sont en masse relativement un peu forte par rapport à ceux que fournissent les parties plus grandes, la raison en est probablement que la sève a moins de chemin à parcourir pour atteindre les crans de la feuille dans les petites pièces (1 a) que dans de plus grandes (2 et 1 b) et qu'il y a relativement plus de matière capable de servir aux nouvelles formations qui s'y trouve effectivement employée dans un morceau de feuille de petite taille que dans un grand.

Expérience III. — On prend une série de six feuilles coupées

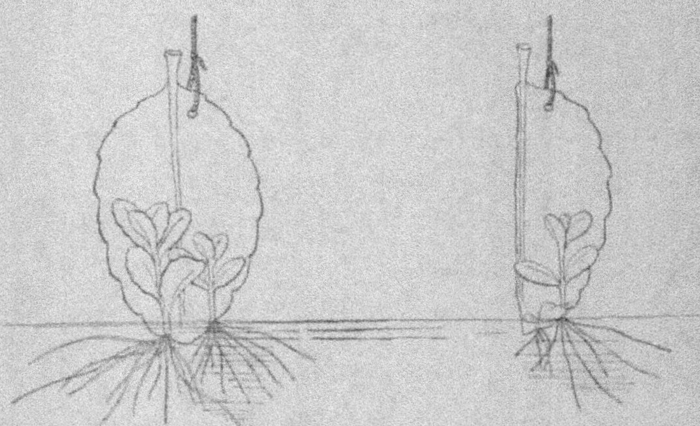

Fig. 16. — Des bourgeons et des racines se forment sur une feuille entière et sur la feuille opposée dont la moitié gauche a été enlevée ; la pointe des feuilles est immergée (*fig.* schématique).

(série II) qu'on laisse intactes. Une autre série de six feuilles subit une réduction de moitié par découpage de chaque feuille en deux parties (série I, *fig.* 16). Les masses des deux séries de feuilles ne sont donc plus égales, mais dans le rapport approximatif de 1 à 2. On peut s'attendre à ce que les poids secs de bourgeons et de racines produits par les deux séries soient aussi dans le rapport de 1 à 2 et il en est en effet ainsi dans les limites d'exactitude de telles expériences (Tableau III). 1 g de poids sec de feuilles produit bien toujours, dans les limites d'exactitude possible à atteindre, des poids secs égaux d'organes nouveaux. Les pointes des deux séries de feuilles plongeaient dans l'eau et les bourgeons et les racines ne prirent naissance que sur les crans submergés (*fig.* 16).

TABLEAU III.

Durée de l'expérience : 30 jours.

	Poids sec de			1 g de poids sec de feuilles a produit en	
	feuilles.	bourgeons.	racines.	bourgeons.	racines.
Série I (6 demi-feuilles).....	1^g,245	0^g,171	0^g,054	140^{mg}	43^{mg}
Sér. II (6 feuilles entières).....	2^g,300	0^g,281	0^g,092	123^{mg}	40^{mg}

Expérience IV. — On a suspendu côte à côte des feuilles dont le bord inférieur plongeait dans l'eau et dont on avait coupé le bord supérieur (*fig.* 17). Il y avait deux séries de feuilles, et, dans l'une des séries (série I), le bord inférieur avait également été enlevé, à l'exception d'un ou deux crans. Il avait été laissé intact dans la deuxième série. On se proposait de faire produire aux deux séries un nombre très inégal de bourgeons et de voir si, dans ces conditions, la loi générale annoncée continuerait à être vérifiée. Or, les feuilles de la première série donnèrent naissance à 6 bourgeons, celles de la seconde à 16 et cependant la masse des deux séries de bourgeons était à peu près la même. Il semble toutefois que lorsqu'une feuille donne naissance à un grand nombre de bourgeons, l'utilisation de

la matière qu'elle peut fournir doit être plus complète que
lorsque toute cette matière ne contribue qu'à l'édification

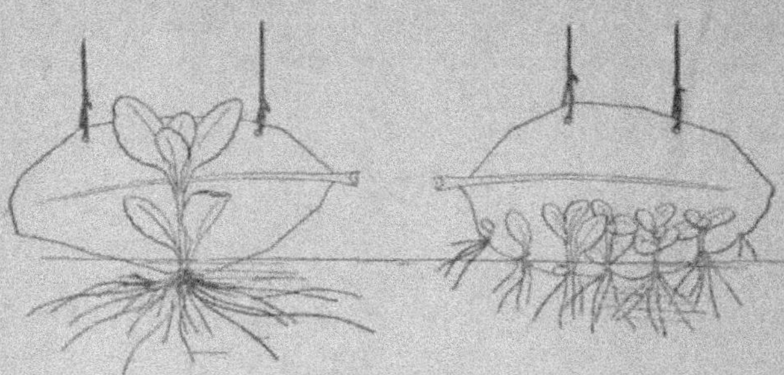

Fig. 17. — Deux feuilles opposées sont suspendues verticalement de
côté; dans chacune des feuilles, on a enlevé le bord placé vers le
haut; dans celle de gauche on a de plus enlevé tous les crans du bord
inférieur de la feuille à l'exception d'un seul; on les a tous conservés
sur le bord inférieur de la feuille de droite. L'expérience a duré 34 jours.
Dessin d'après nature.

d'un seul bourgeon. C'est ce que montrent les chiffres du
Tableau IV.

TABLEAU IV.

Durée de l'expérience : 33 jours.

	Poids sec de			% de poids sec de feuilles a produit en	
	feuilles.	bourgeons.	racines.	bourgeons.	racines.
Série I (5 feuilles avec 1 ou 2 crans)......	$1^g,810$	$0^g,248$	$0^g,106$	137^{mg}	59^{mg}
Sér. II (5 feuilles avec un plus grand nombre de crans)....	$1^g,578$	$0^g,270$	$0^g,121$	152^{mg}	68^{mg}

Cette expérience, jointe à beaucoup d'autres semblables, permet d'énoncer la loi suivante :

Des masses égales de feuilles opposées de *Bryophyllum calyci-num* produisent, dans des temps égaux et dans les mêmes con-ditions de température, d'humidité, d'éclairage et d'aération, des masses à peu près égales de racines et de bourgeons, quel que soit d'ailleurs le nombre de ces organes qui prennent nais-sance. Toutefois un nombre relativement grand de bourgeons permettait peut-être une utilisation plus complète de la matière fournie par la feuille qu'un bourgeon unique. Lorsque les masses de deux feuilles opposées sont inégales, il y a proportionnalité entre ces masses et celles de l'ensemble des bourgeons et des racines produits, au moins dans les limites de précision des expériences.

Pour compléter la preuve du rôle que nous avons attribué à

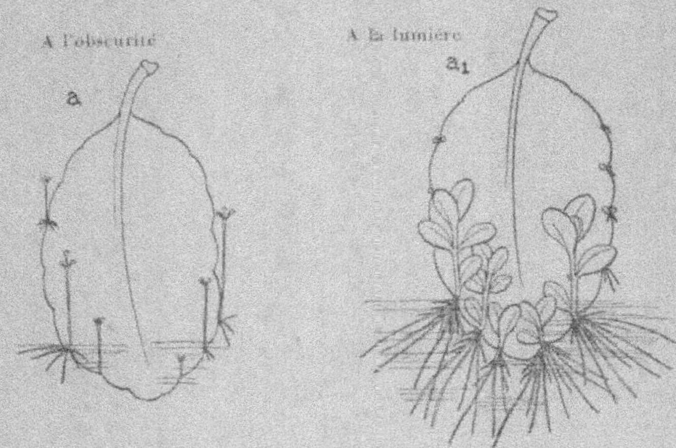

Fig. 18. — Influence de la lumière sur la masse d'organes nouveaux développés sur des feuilles détachées. De deux feuilles opposées, l'une *a* a été laissée à l'obscurité, l'autre *a₁* exposée à la lumière. La masse d'organes nouveaux formés à l'obscurité n'est qu'une très petite fraction de celle qui se trouve produite à la lumière. (Expérience du 13 mars au 4 avril 1923.)

la quantité de matière produite par assimilation, il nous reste à montrer que les résultats énoncés ne peuvent être obtenus qu'à la lumière, et qu'à l'obscurité la feuille isolée de *Bryophyllum* ne produit qu'une quantité négligeable d'organes nouveaux. La faible régénération qu'on observe à l'obscurité ne se fait qu'aux dépens de la matière contenue dans les sucs de la feuille au moment où elle a été privée de lumière.

On a employé 12 paires de feuilles opposées, toutes suspendues la pointe plongeant dans l'eau, comme dans la figure 18. Une feuille de chaque paire a_1 était exposée à la lumière diffuse du jour, les 12 feuilles opposées a étaient tenues à l'obscurité à la même température. Dans une expérience qui a duré du 13 mars au 4 avril, la masse totale de bourgeons et de racines formés à l'obscurité n'atteignait pas 14 pour 100 de celle des organes formés à la lumière dans le même temps (*fig.* 18 et Tableau V).

TABLEAU V.

		Poids sec de		% de poids sec de feuilles a produit en	
	feuilles.	bourgeons produits.	racines produites.	bourgeons.	racines.
Série a_1 (à la lumière).....	$3^g,135$	$0^g,838$	$0^g,288$	951^{mg}	86^{mg}
Série a (à l'obscurité).......	$2^g,415$	$0^g,102$	$0^g,008$	42^{mg}	3^{mg}

On peut donc conclure de ce qui précède que la masse régénérée par une feuille détachée de *Bryophyllum* sous l'influence de la lumière (mesurée en poids sec d'organes nouveaux) dépend avant tout de la quantité de matière produite par l'assimilation.

Toute la matière qui se produit dans la feuille sous l'influence de la lumière ne sert pas à l'édification d'organes nouveaux. Une partie peut être en effet employée à la croissance de la feuille elle-même, comme nous allons le montrer.

Détachons six paires de feuilles opposées : six de ces feuilles (une de chaque paire) ont au total à peu près le même poids frais que les six autres à ce moment. Nous allons faire sécher à l'étuve une des séries de feuilles pour avoir le poids sec à l'origine de l'expérience et suspendre les six autres feuilles dans l'aquarium, les pointes plongeant dans l'eau. La régénération se produit dans cette région, et 29 jours plus tard, lorsqu'une masse considérable d'organes nouveaux se sont développés, nous déterminions leur poids sec ainsi que celui des feuilles. Nous trouvons alors que le poids sec des feuilles elles-mêmes (non compris celui des organes qu'elles ont formé) est bien plus élevé que celui de leurs feuilles opposées au début de l'expérience. Toutefois, l'accroissement de poids sec des feuilles est moindre que le poids sec d'organes nouvellement formés. Dans les trois séries d'expériences qu'on a réalisées, les trois séries de feuilles ont gagné au total 612^{mg} de poids sec. Les poids secs correspondants de bourgeons et de racines obtenus sont respectivement 1200^{mg} et 352^{mg}. Le poids de matière employée à la formation d'organes nouveaux est deux fois et demie celui qui a été employé à la croissance de la feuille. Il est fort important que toute la matière que la feuille peut fournir pour la croissance ne soit pas entièrement employée à la régénération.

Cela nous explique en partie pourquoi dans les plantes normales la feuille n'engendre pas de bourgeons ni de racines. Toute la matière disponible se trouve alors employée ou à la croissance de la feuille ou à celle de l'ensemble de la plante, bourgeon terminal, racines et tige, comme nous le verrons plus loin.

Le Tableau VI fournit toutes les données numériques relatives à l'expérience précédente.

TABLEAU VI.

Durée des trois séries d'expériences du 1er au 30 juin 1920.

I. Six paires de feuilles opposées :

a. Six feuilles : poids frais 25^g,385 ; poids sec (1 juin)..... 2^g,259

b. Six feuilles opposées : poids frais 24^g,120 ; poids sec (30 juin)... 2^g,404

Accroissement de poids sec des feuilles en *b*.......... 145^{mg}
Poids sec des bourgeons produits en *b* (30 juin)....... 320^{mg}
Poids sec des racines produites en *b* (30 juin)....... 102^{mg}

II. Sept paires de feuilles opposés :

a. Sept feuilles : poids frais $28^g,490$; poids sec (2 juin)... $2^g,071$

b. Sept feuilles opposées : poids frais $27^g,010$; poids sec
(30 juin).. $2^g,849$

Accroissement de poids sec des feuilles en *b*.............. 175^{mg}
Poids sec des bourgeons produits en *b* (30 juin)........ 383^{mg}
Poids sec des racines produites en *b* (30 juin).......... 92^{mg}

III. Huit paires de feuilles opposées :

a. Huit feuilles : poids frais $28^g,825$; poids sec (2 juin)... $2^g,552$

b. Huit feuilles opposées : poids frais $28^g,300$; poids sec
(30 juin).. $2^g,844$

Accroissement de poids sec des feuilles en *b*.............. 292^{mg}
Poids sec des bourgeons produits en *b* (30 juin)........ 497^{mg}
Poids sec des racines produites en *b* (30 juin).......... 158^{mg}

CHAPITRE IV.

LE DÉVELOPPEMENT RAPIDE D'ORGANES NOUVEAUX SUR CERTAINS CRANS D'UNE FEUILLE EMPÊCHE UN DÉVELOPPEMENT SEMBLABLE SUR LES AUTRES.

Il est visible dans les figures 14 à 17 que seuls les crans du
bord d'une feuille qui plongent dans l'eau donnent naissance
à des racines nouvelles et à de nouveaux bourgeons : rien de
pareil sur les autres. Il n'en est pas de même au début de l'expérience. A ce moment, de petites racines et même des bourgeons
peuvent commencer à apparaître sur un grand nombre de crans
de la feuille, mais bientôt toute croissance s'arrête sur ceux de
ces crans qui ne sont pas plongés dans l'eau ou au moins très
voisins de la surface du liquide. Lorsque les racines ou les bour-

geons commencent à croître sur ces derniers crans, les petites
racines aériennes qui s'étaient formées sur les autres se flétrissent,
se dessèchent et disparaissent ; les points de croissance correspondants qui se seraient développés ultérieurement en bourgeons
s'arrêtent aussi, si bien qu'au bout de quelques semaines, la
croissance paraît limitée aux crans qui sont sous la surface de
l'eau ou très près au-dessus. On peut montrer cela très aisément
sur de grandes feuilles ou avec ces feuilles charnues qui se développent en serre pendant l'hiver. La figure 19 représente une

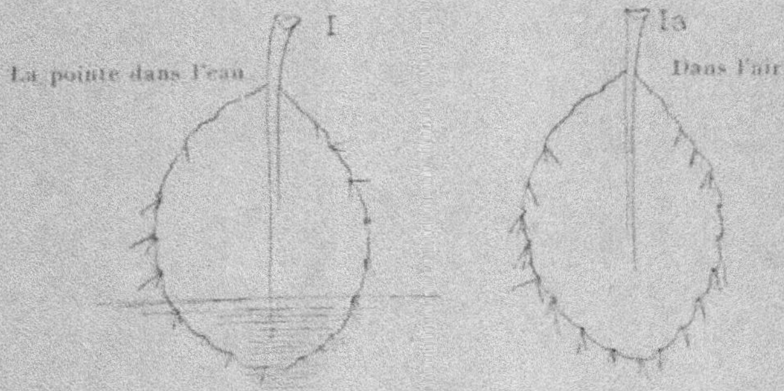

Fig. 19. — De deux feuilles opposées, l'une I est suspendue, la pointe
dans l'eau, l'autre Ia est tout entière suspendue dans l'air humide.
Sur l'une et l'autre feuille, des bourgeons et des racines commencent
à se produire simultanément au fond d'un grand nombre de crans.
Dessin fait au 12ᵉ jour de l'expérience.

expérience de ce genre. Le 12 février 1921, on a coupé deux
séries de six feuilles opposées et l'on a suspendu une feuille de
chaque paire tout entière dans l'air tandis que la pointe de
l'autre était seule immergée. La figure 19 fait précisément connaître l'aspect de ces feuilles le douzième jour. Toutes ont donné
naissance à de petites racines sur presque tous leurs crans, aussi
bien dans l'air (*fig.* 19, I a) que dans l'eau (*fig.* 19, I) ; mais un
changement ne tarde pas à se produire, comme le montre la
figure 20 qui représente les deux mêmes feuilles 6 jours plus
tard (1ᵉʳ mars). La feuille dont la pointe plongeait dans l'eau

a rapidement développé dans cette région des bourgeons et des racines, tandis que les racines formées au début dans les crans de sa partie supérieure se sont déjà desséchés et ont bientôt disparu, et que les points de formation des bourgeons placés à quelque distance de l'eau ont aussi cessé de croître (*fig.* 20, I). Dans l'autre feuille (*fig.* 20, I*a*), qui était tout entière dans l'air,

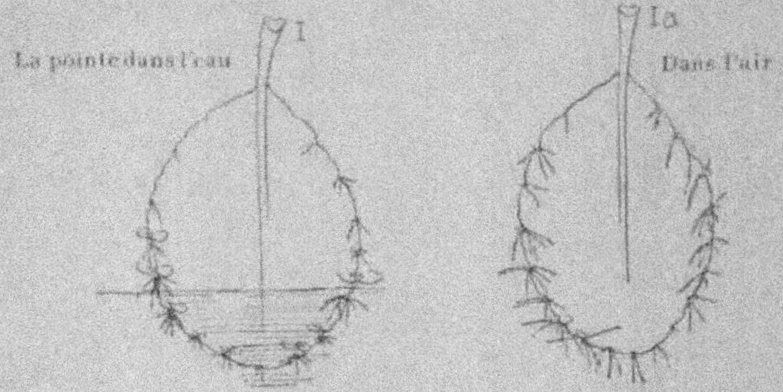

Fig. 20. — Mêmes feuilles que dans la figure 19, mais dessinées 6 jours plus tard; sur la feuille I, les racines et les bourgeons ne continuent à croître que sur les crans immergés ou sur ceux qui sont très voisins de la surface de l'eau; ailleurs les ébauches formées se dessèchent. Sur la feuille I*a*, les bourgeons et les racines continuent au contraire à croître sur tous les crans de la feuille.

toutes les racines cependant continuent à croître, ainsi qu'un certain nombre de bourgeons, mais bien plus lentement que ceux de la pointe de la première. Il est donc certain que l'arrêt de développement des racines aériennes de cette première feuille doit être attribué à ce que la très rapide croissance des organes qui se développent dans la région immergée attire toute ou presque toute la sève de la feuille entière, ce qui empêche toute croissance dans les autres parties et détermine le flétrissement des racines aériennes qui s'y étaient formées. Ces résultats sont tout à fait généraux; la seule différence qu'on ait observée est que lorsque la feuille est petite ou peu charnue, les organes de nouvelle formation peuvent, dès le début, être plus exclusivement limités à la partie immergée de la feuille. Quand la feuille est tout entière dans l'air, ces organes se forment au contraire sur presque tous les crans, mais leur croissance est toujours plus lente que sur les crans immergés.

C'est donc une règle générale que les crans de la feuille où la croissance est le plus rapide attirent à eux la sève de la feuille entière ou peu s'en faut, et déterminent par là l'arrêt des autres points de croissance. Cette loi étant d'importance fondamentale pour les phénomènes de régénération, nous allons en fournir une vérification quantitative.

On s'est servi pour cela de 13 couples de feuilles opposées, les unes (une de chaque paire) suspendues dans l'air, les autres plongeant dans l'eau par leur pointe. On verra dans le Tableau VII que la masse de bourgeons et de racines produite par ces dernières est beaucoup plus grande que celle que produisent les autres dans le même temps et toutes autres conditions égales d'ailleurs. La figure 21 montre la différence d'aspect des feuilles des deux groupes.

TABLEAU VII.

	Poids sec de			par unité du poids sec de feuilles a produit en	
	feuilles.	bourgeons.	racines.	bourgeons.	racines.
13 feuilles en partie immergées	$1^g,943$	$0^g,524$	$0^g,123$	270^{mg}	63^{mg}
13 feuilles suspendues dans l'air	$1^g,909$	$0^g,322$	$0^g,031$	169^{mg}	27^{mg}

On voit que les feuilles suspendues dans l'air forment dans ces conditions une quantité bien moins grande de bourgeons et de racines (poids sec) par unité de poids sec de feuilles que celles qui plongent dans l'eau. Si donc nous accélérons par immersion la croissance en certains points de la feuille, nous l'arrêtons par là même en d'autres points.

Lorsqu'on suspend des feuilles entièrement dans l'air d'une manière permanente, tous leurs crans commencent pratiquement à former des bourgeons et des racines (*fig.* 20), mais la croissance ne continue pas partout. Il y a des points où elle est plus rapide qu'en d'autres et c'est vers ces points que se dirige toute la matière utilisable. Ainsi s'explique que les points de croissance se limitent bientôt dans l'air à un petit nombre, ordinairement à ceux qui se trouvent dans les parties les plus charnues de la feuille (feuille de droite, *fig.* 21).

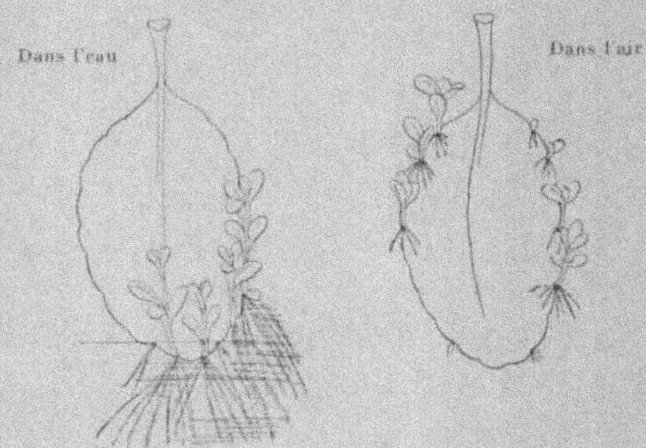

Fig. 21. — Différence qui se manifeste dans la position des points de régénération suivant qu'une feuille est suspendue dans l'air ou que sa pointe est immergée.

L'écoulement de la sève nourricière vers les parties de la feuille où la croissance est le plus rapide se laisse voir directement dans celles des feuilles où se forme un pigment pourpre (probablement de l'anthocyanine). Ceci n'arrive que dans les feuilles de *Bryophyllum* suspendues dans l'air, non dans celles qui sont immergées. La figure 22 représente deux feuilles ainsi suspendues dans l'air humide du 17 février au 5 avril. L'anthocyanine est indiquée dans cette figure par une ombre grise. Dans les deux feuilles, le pigment va vers les nouveaux bourgeons et se rassemble dans les parties où se développent de nouveaux organes.

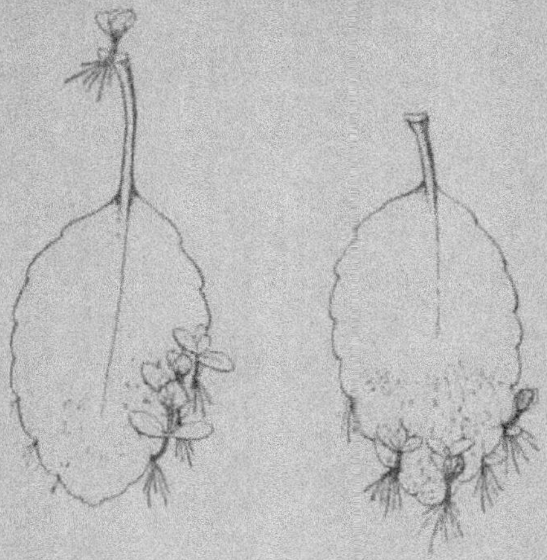

Fig. 22. — Feuilles pourvues de pigment rouge (figuré par des ombres grises); le pigment de la feuille tout entière se dirige vers le côté où croissent des bourgeons de régénération.

Ces résultats permettent donc d'établir la règle que nous avons posée : l'accélération de la croissance des bourgeons et des racines sur certains crans de la feuille détermine l'afflux de la sève de toute la feuille vers ces points et par suite arrête toute croissance partout ailleurs. Nous verrons plus loin que cette règle s'applique à la régénération, non seulement dans la feuille, mais aussi dans la tige.

CHAPITRE V.

INFLUENCE DE LA PESANTEUR SUR LE DÉVELOPPEMENT DE RACINES ET DE BOURGEONS SUR UNE FEUILLE ISOLÉE DE « BRYOPHYLLUM ».

La règle exposée dans le Chapitre précédent, et d'après laquelle toute la sève d'une feuille détachée afflue vers les points où la croissance est le plus rapide, explique de manière simple une des influences énigmatiques qui s'exercent sur la régénération et sur

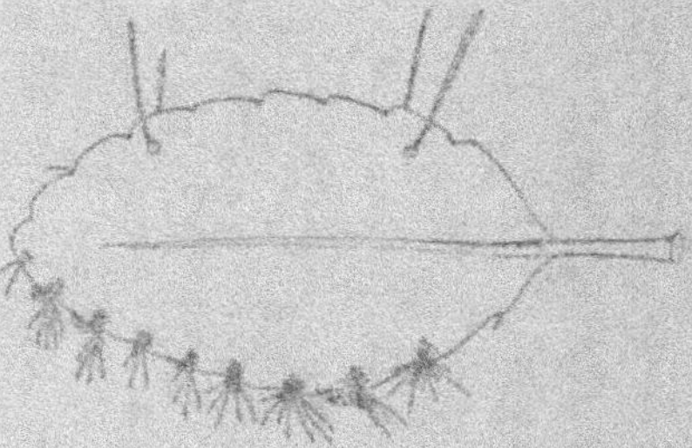

Fig. 23. — Influence de la pesanteur sur la formation des bourgeons et des racines au bord de feuilles suspendues verticalement de côté dans l'air humide. Il ne se forme de racines et de bourgeons que sur le bord inférieur de la feuille.

la croissance des organes végétaux; je veux parler de celle de la pesanteur.

On peut montrer et étudier cette influence avec des feuilles de *Bryophyllum* que l'on suspend complètement dans l'air dans un plan vertical et le plan de symétrie horizontal (*fig. 23*). Dans ce cas, les bourgeons et les racines se développent pour la plupart ou même exclusivement sur la moitié inférieure de la feuille. C'est là un résultat frappant et général que montre bien la figure dessinée le 18e jour de l'expérience. Des racines et des bourgeons pourraient bien aussi se développer sur la moitié de la feuille placée en haut, mais sous cette condition qu'on ait enlevé le bord inférieur des feuilles : un vigoureux développement de bourgeons se produit alors dans les crans du bord supérieur de la feuille. Les deux feuilles de la figure 24 sont deux feuilles opposées suspendues toutes deux dans l'air humide et

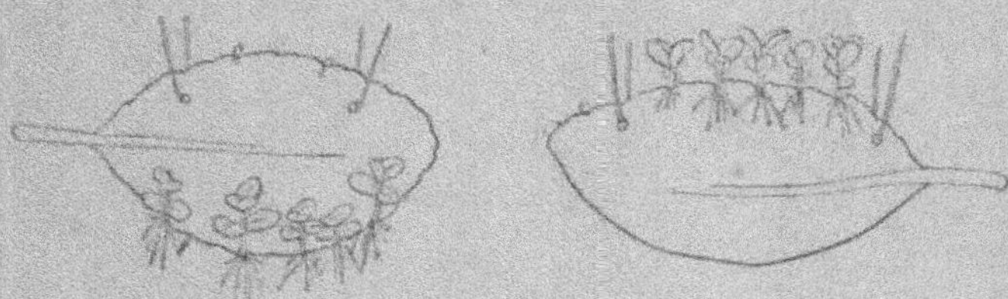

Fig. 24. — Feuilles opposées détachées et suspendues dans l'air humide. Celle de gauche est entière tandis qu'on a enlevé le bord inférieur de celle de droite ; dans la première, il se forme des racines et des bourgeons le long du bord inférieur ; leur rapide développement retarde ou arrête toute croissance d'organes nouveaux le long du bord supérieur. Sur le bord supérieur (seul subsistant) de la feuille de droite, le développement de bourgeons et de racines n'est ni arrêté ni retardé.

dans la position indiquée. La feuille de gauche a été laissée intacte et l'on a enlevé le bord inférieur de celle de droite. La feuille intacte donne naissance à des racines et à des bourgeons à peu près exclusivement sur son bord inférieur, l'autre n'en donne que sur son bord supérieur. Le dessin a été exécuté le 33e jour de l'expérience.

L'explication du fait est la suivante : la pesanteur détermine un plus grand afflux de sève sur le côté le plus bas des parties charnues des feuilles. La croissance se trouve par suite accélérée du côté inférieur des feuilles suspendues comme on l'a fait et cela détermine secondairement un nouvel afflux de sève de toute la feuille vers la même région. Toute croissance se trouve ainsi supprimée dans la partie supérieure de la feuille. Si, d'autre part, on a enlevé le bord inférieur d'une feuille suspendue dans l'air humide toujours dans cette même position, la sève affluera bien encore du côté le plus bas, mais aucun organe nouveau ne pouvant s'y développer, il n'en résultera pas un nouvel afflux secondaire de sève de toute la feuille vers cette région et rien n'empêchera les bourgeons de se développer sur le bord le plus élevé; dès que ce premier développement aura eu lieu, toute la sève de la feuille affluera vers ces points de croissance du

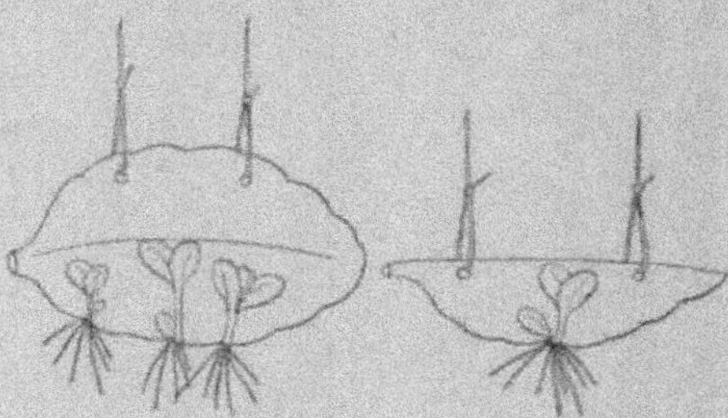

Fig. 25. — Différence dans la quantité d'organes régénérés suivant que la feuille suspendue verticalement de côté dans l'air est entière ou réduite de moitié.

bord supérieur. On peut donner une démonstration quantitative de l'exactitude de l'interprétation des observations représentées par la figure 24.

On suspend verticalement dans l'air et toujours dans la même position six paires de feuilles opposées, en laissant intacte une feuille de chaque paire et en enlevant la moitié supérieure des six autres feuilles, comme on le voit dans la figure 25. Cette figure montre que les feuilles entières donnent naissance à une masse de racines et de bourgeons sensiblement double de la masse formée par les demi-feuilles, ces organes étant d'ailleurs des deux côtés sur le bord inférieur.

Dans une expérience analogue qui a duré du 8 au 29 mai, on a employé 13 paires de feuilles; les résultats de cette expérience sont consignés dans le Tableau VIII.

TABLEAU VIII.

	Poids sec		Poids sec de bourgeons par gramme de feuilles sèches.
	de feuilles.	de bourgeons.	
13 feuilles entières............	$2^{gr},174$	$0^{gr},410$	188^{mg}
13 demi-feuilles..............	$1^{gr},118$	$0^{gr},235$	209^{mg}

Cette expérience montre que les formations nouvelles du bord inférieur de la feuille sont produites aux dépens de la matière fournie par ses deux moitiés. Toute la matière disponible ayant été ainsi employée au bord inférieur de la feuille, rien ne peut plus être fourni au bord opposé.

Dans l'expérience qu'on vient de décrire, la régénération se trouve accélérée dans la moitié inférieure de la feuille parce que c'est là que la pesanteur accumule la sève. Cela se produit lorsque la feuille est suspendue dans l'air, l'un des côtés en bas, mais très rarement quand la feuille, également dans l'air, se trouve la pointe en bas. Il est probable que cette différence tient à ce que la pointe de la feuille est relativement mince et sa partie moyenne au contraire charnue, de sorte que la pesanteur ne peut amener une sève aussi abondante dans la pointe que dans les parties latérales.

Cette remarque nous conduit à concevoir d'une manière nouvelle la nature de l'influence de la pesanteur sur la formation des organes végétaux. Toute l'action de la pesanteur consiste à rassembler la sève d'un tel organe dans ses parties les plus basses. Cette sève détermine un accroissement plus rapide aux points où elle s'est rassemblée et il en résulte secondairement un nouvel afflux de sève vers cette région. L'arrêt de croissance dans la partie supérieure de la feuille ne dépend donc pas directement de la pesanteur, il n'est qu'une conséquence secondaire de son influence. Pour le montrer, nous suspendons des feuilles détachées toujours dans la même position latérale, mais cette fois sous l'eau, près de la surface. Il y aura alors encore accumulation de la sève au bord inférieur de la feuille, mais le bord supérieur étant ici dans l'eau, la vitesse des réactions chimiques sur les crans de ce bord de la feuille ne sera pas moindre que sur ceux du côté inférieur.

La figure 26 nous montre une expérience de cette sorte. La feuille supérieure (I) a été suspendue dans l'air, un bord en bas, et, comme d'ordinaire, les racines et les bourgeons s'y sont

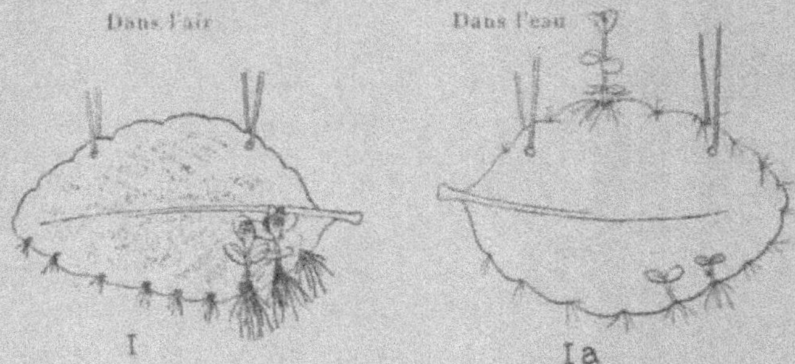

Fig. 26. — Sur la feuille I qui est suspendue dans l'air humide se forment des racines et des bourgeons seulement sur les crans du bord inférieur ; sur la feuille I a suspendue dans l'eau, la pesanteur n'exerce pas d'influence directrice et les organes nouveaux se forment également sur les bords supérieur et inférieur. On a indiqué par des ombres le pigment rouge, qui n'apparaît que sur la feuille suspendue dans l'air. (Expérience du 26 octobre au 15 décembre 1923.)

formés seulement sur les crans du bord inférieur. La feuille opposée (I a) a été suspendue dans la même position un peu au-dessous de la surface de l'eau. Elle ne manifeste nullement l'influence de la pesanteur ; bourgeons et racines se développent tout aussi bien sur le bord supérieur que sur le bord inférieur.

Il semble qu'il y aurait lieu de distinguer dans les plantes le liquide contenu dans des canaux (comme le sang ou la lymphe des animaux) et le liquide contenu dans les interstices des tissus et des cellules, le suc tissulaire.

Ce dernier peut se rassembler dans les parties les plus basses de la feuille sous l'influence de la pesanteur, tandis que la sève contenue dans les vaisseaux ne subit probablement pas de la même manière l'influence de la pesanteur. C'est ce que montreront clairement les expériences décrites dans les Chapitres suivants.

Tous les biologistes pourront trouver étrange que la gravité joue un si grand rôle dans la formation d'organes chez les végétaux alors qu'une intervention analogue de ce facteur chez les animaux est rare. Cela peut tenir à ce que, dans les plantes, le suc des tissus, n'étant pas contenu dans des vaisseaux, peut se déplacer plus aisément que chez les animaux. Chez ceux-ci, l'influence de la pesanteur sur le suc des tissus n'apparaît que dans l'œdème.

CHAPITRE VI.

COMMENT L'ISOLEMENT D'UNE FEUILLE Y DÉTERMINE LA FORMATION DE RACINES ET DE BOURGEONS.

Nous arrivons maintenant à poser le problème capital de la régénération : pourquoi se produit-il à la suite d'une mutilation un développement d'organes qui sans cela n'eût pas eu lieu ? Dans le cas particulier de la feuille de *Bryophyllum*, cette question se formulera ainsi : pourquoi ne se forme-t-il dans les crans de la feuille de nouvelles racines et de nouveaux bourgeons que dans le cas où on la détache de la plante et point du tout lorsqu'elle y reste attachée ? La méthode expérimentale quantitative nous permettra de donner à cette question une réponse précise : tant que la feuille est en relation avec la tige d'une plante normale, la matière qui s'y forme sous l'influence de la lumière s'écoule vers la tige dont elle détermine la croissance, ainsi que celle des organes qui s'y rattachent, bourgeons au sommet, racines à la base.

Il n'est pas nécessaire qu'une feuille soit en relation avec une plante entière pour que la formation de racines sur cette feuille n'ait pas lieu. Il suffit que la feuille soit attachée à un petit morceau de tige pour que la régénération s'y trouve visiblement gênée.

La figure 27 représente une série de feuilles opposées dont

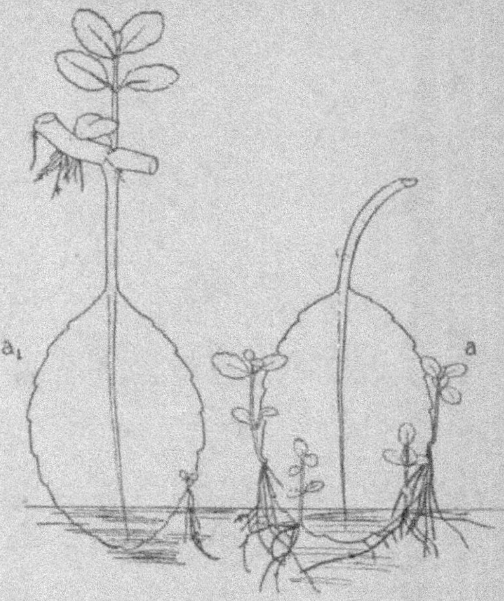

Fig. 27. — Feuilles opposées dont les pointes sont immergées; la feuille *a* détachée de la tige a formé 4 bourgeons sur 4 de ses crans; la feuille *a₁* restée en relation avec un segment de tige n'a fait que commencer à produire un petit bourgeon sur un seul de ses crans. La matière qui, dans la feuille *a*, sert à produire des bourgeons a été employée dans la tige de la feuille *a₁* pour y produire un grand bourgeon, pour former un cal à son extrémité inférieure et aussi pour donner naissance à une courbure géotropique. Le dessin a été exécuté 7 semaines après le début de l'expérience.

l'une est détachée et l'autre en relation avec un petit fragment de tige. La pointe des deux feuilles plonge dans l'eau. Au moment où la feuille isolée a déjà formé quatre racines et quatre bourgeons de grande taille, l'autre n'a encore commencé à produire qu'un mince bourgeon.

La différence est encore bien plus marquée si les deux feuilles, au lieu d'être en partie immergées, sont simplement suspendues

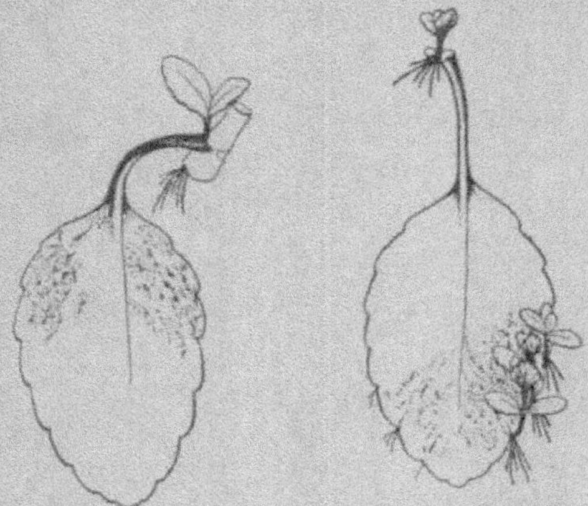

Fig. 28. — Feuilles opposées suspendues entièrement dans l'eau. Les ombres indiquent la présence de pigment rouge; sur la feuille de gauche en relation avec un segment de tige, le pigment s'écoule vers le bourgeon axillaire de la tige et dans le pétiole; il se rassemble à la partie supérieure de la feuille au voisinage de ce pétiole; dans la feuille opposée qui est isolée, il se rassemble près du point où se sont formés de nouveaux bourgeons et dans ces bourgeons mêmes. (Expérience du 17 février au 5 avril.)

dans l'air humide (*fig.* 28). Il s'est formé dans ce cas trois bourgeons dans les crans de la feuille isolée, alors que la feuille opposée étant restée en relation avec un fragment de tige, toute formation d'organes nouveaux s'y trouve supprimée; mais, en revanche, il s'est formé un bourgeon sur la tige, à l'aisselle de la feuille. Si la tige empêche qu'il ne se forme des bourgeons sur la feuille, c'est qu'elle attire à elle la matière qui pourrait les produire. Les deux feuilles qui ont servi à l'expérience possédaient un pigment rouge (anthocyanine) qui nous permet de suivre la route par laquelle la matière a cheminé. Le pigment, en effet, se rassemble dans la partie la plus basse de la feuille isolée, là où se sont développés trois bourgeons; dans la feuille attachée à un fragment de tige, il se rassemble au contraire au voisinage du pétiole.

On s'est proposé de démontrer par une mesure précise qu'un fragment de tige empêche la formation de nouveaux organes sur la feuille, en lui soustrayant pour elle-même les matériaux qu'elle a formés. Pour cela, on a détaché d'une plante de *Bryo-*

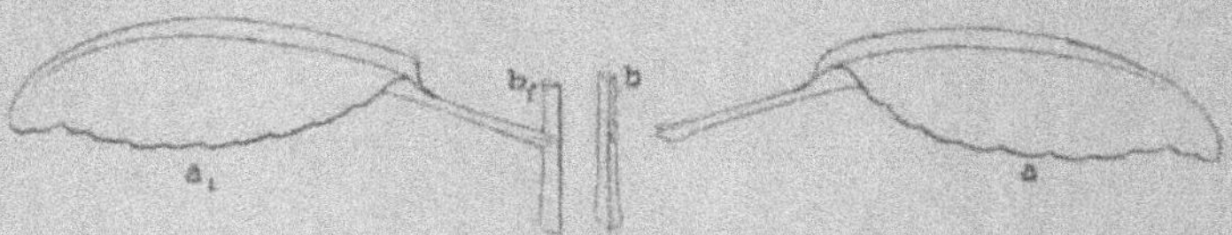

Fig. 29. — Manière de constater que le poids sec d'un segment de tige en relation avec une feuille croît aux dépens de la production de racines et de tiges sur la feuille, production qui se trouve diminuée corrélativement. (*Voir* le texte.)

phyllum de petits segments de tige contenant chacun un nœud avec ses deux feuilles. On divise chaque segment en long par le milieu (*fig.* 29) de façon à faire deux demi-segments de tige (b et b_1) de grandeur aussi égale que possible. Pour diminuer l'erreur résultant d'une division inégale, on se sert pour chaque expérience d'un assez grand nombre de segments. On commence par prélever sur chaque paire de demi-segments l'un d'eux qu'on détache de sa feuille pour en déterminer le poids sec b. L'autre b_1 reste en relation avec sa feuille a_1. On suspend les deux séries de feuilles opposées (a isolées et a_1 attachées à leur demi-segment) dans l'air humide pendant plusieurs semaines; les pointes des feuilles plongent dans l'eau (*fig.* 30). Les feuilles attachées a_1 forment une moindre masse d'organes nouveaux que les feuilles isolées a. A la fin de l'expérience, on pèse à l'état sec les feuilles a et a_1, puis les racines et les bourgeons qu'elles ont produits ainsi que les demi-segments b_1 qu'on avait laissés

adhérents aux feuilles. L'expérience montre que l'accroissement
de poids sec de ces demi-segments est assez grand pour expliquer
l'excès de poids sec des racines et des bourgeons développés

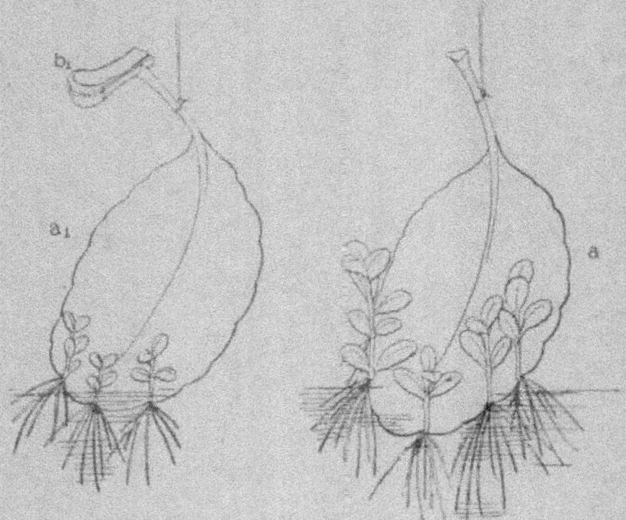

Fig. 30. — La feuille a, en relation avec un petit segment de tige produit
une plus petite quantité de racines et de bourgeons que la feuille
opposée détachée de toute tige. Le segment de tige accroît sa masse
particulièrement en formant un cal; il contribue ainsi à empêcher la
formation d'organes nouveaux sur la feuille même. Le bourgeon
axillaire de la feuille a été supprimé. (Expérience du 6 au 26 avril.)

sur les feuilles isolées. Autrement dit, si la tige diminue la régénération dans la feuille, c'est qu'elle reçoit une partie de la
matière qui eût été utilisable pour cet emploi.

Dans les expériences de ce genre, le bourgeon axillaire de la
feuille adhérente à un fragment de tige se développe souvent
et il est naturel de penser que cela détourne de la tige une certaine quantité de matière. On peut montrer d'ailleurs que la

tige gêne la régénération dans la feuille, même si l'on enlève le bourgeon axillaire dès le début de l'expérience, et, dans ce cas encore, parce que la matière produite par assimilation dans la feuille se trouve absorbée en partie par la tige. Là elle sert à édifier un cal à la base ainsi qu'à accroître le fragment de tige tant en épaisseur qu'en longueur (*fig.* 30, b_1).

Les nombres inscrits dans le Tableau IX montrent combien la masse d'organes régénérés par la feuille diminue quand cette feuille reste attachée à un fragment de tige.

TABLEAU IX.

		Poids sec	
	Poids sec de feuilles.	des bourgeons formés par les feuilles.	des racines formées par les feuilles.
Série I. Feuilles attachées aux tiges.	$2^g,991$	$0^g,427$	$0^g,132$
Série II. Feuilles isolées............	$3^g,116$	$0^g,939$	$0^g,273$

L'expérience a été faite avec 19 paires de feuilles. Les demi-segments de tige, adhérents à chaque feuille, avaient à peu près 25^{mm} de long. Le poids total de racines et de bourgeons régénérés par les feuilles attachées à un segment de tige était de 559^{mg}. Le poids correspondant pour les feuilles isolées était de $1^g,212$. La présence d'un petit fragment de tige avec les feuilles de la série I (*fig.* 30) diminue donc la quantité d'organes régénérés pour les 19 feuilles de cette série de 653^{mg} (la correction à faire pour la légère différence de masse des deux séries de feuilles réduit cette valeur à 630^{mg} environ).

Le poids sec des 19 demi-segments de tige pesés au début de l'expérience était de $0^g,747$. Celui des 19 autres demi-segments détachés des feuilles à la fin de l'expérience était de $1^g,213$. Les tiges en relation avec les feuilles ont donc gagné $0^g,466$, c'est-à-dire un peu moins que l'excès de la masse d'organes régénérés sur les feuilles isolées sur la masse relative aux feuilles attachées, soit $0^g,630$. On peut d'ailleurs rendre compte de la différence de ces nombres en remarquant que la masse des demi-segments de tige liés aux feuilles a été diminuée au début de l'expérience par l'enlèvement du bourgeon axillaire de la feuille. Pour pratiquer sûrement cette opération, on a été conduit à enlever en même temps une partie des tissus voisins, et il est aussi possible que la mutilation de la tige près du point d'attache du pétiole de la feuille puisse créer un léger obstacle à l'écoulement de la sève vers la tige. En tout cas, nous verrons que si nos demi-segments ne sont pas ainsi mutilés, ils gagnent en poids sec un peu plus que la différence entre le poids sec d'organes nouveaux produits par la feuille détachée et par la feuille attachée. Comme l'accroissement de poids de la tige a dû se faire aux dépens de la matière fournie par la feuille, la raison pour laquelle la tige gène la régénération dans la feuille est bien, dans les limites de précision de l'expérience, qu'elle absorbe la matière produite par celle-ci.

En raison de l'importance fondamentale de ces expériences, on a indiqué dans les Tableaux X et XI les résultats de 5 séries d'expériences. Chacune d'elles a été faite avec 12 paires de feuilles opposées; ici, le bourgeon axillaire n'a pas été enlevé. On trouvera dans le Tableau X d'abord le poids sec de chaque demi-segment de tige, au début et à la fin de l'expérience; la dernière colonne contient les différences des nombres des deux précédentes, soit l'augmentation de poids sec du fragment de tige adhérent à une feuille.

TABLEAU X.

Poids sec des demi-segments de tige au début
et à la fin de l'expérience.

N° de l'expériences	Durée de l'expérience.	Poids sec des demi-segments de tige		Accroissement du poids sec des demi-segments pendant l'expérience.
		au début.	à la fin.	
	j	g	g	g
1................	30	0,474	1,054	0,580
2................	33	0,426	0,753	0,327
3................	33	0,415	1,034	0,619
4................	30	0,563	1,029	0,466
5................	30	0,422	0,823	0,401
Total.............				2,393

TABLEAU XI.

*Poids sec de bourgeons et de racines formés sur les feuilles
détachées ou en relation avec les demi-segments de tige dans
l'expérience à laquelle se rapporte aussi le Tableau X.*

N°	Durée de l'expérience	I. Feuilles détachées. Poids sec			II. Feuilles attachées. Poids sec			Différence de poids sec entre I et II.
	j	de racines	de bourgeons	Total.	de racines	de bourgeons	Total.	
1......	30	0,169	0,412	0,581	0,039	0,067	0,106	0,475
2......	31	0,133	0,408	0,541	0,062	0,158	0,220	0,321
3......	33	0,127	0,509	0,636	0,045	0,114	0,159	0,477
4......	30	0,127	0,438	0,565	0,053	0,143	0,196	0,369
5......	30	0,101	0,416	0,517	0,043	0,162	0,205	0,312

Total................ 1,954

Si vraiment la tige empêche la formation de racines et de
bourgeons, en absorbant la matière qui, dans les feuilles détachées, sert à cette formation, l'accroissement de poids sec du
demi-segment de tige en relation avec une feuille (poids com-
prenant les bourgeons formés sur cette tige) doit être égal ou
supérieur à la masse des bourgeons formés sur les feuilles
isolées (Tableau XI). On mesurait donc dans chaque série
d'expériences le poids sec d'organes nouveaux formés sur
chaque série de feuilles.

Le poids sec de matière livré par les feuilles aux fragments
de tige adhérents était de 2^g, 393; l'excès de poids sec de racines
et de bourgeons formés sur les feuilles détachées par rapport
au poids correspondant d'organes nouveaux formés sur les
feuilles attachées n'était que de 1^g, 954. Cela montre bien, comme
on l'avait annoncé, que la tige diminue les formations nouvelles
dans la feuille, en absorbant la matière qui pourrait servir à
leur édification. En gros, les feuilles attachées livrent à la tige
20 pour 100 de matière de plus que les feuilles semblables détachées n'en emploient de plus qu'elles à former de nouveaux organes.
C'est que, comme on l'a dit au Chapitre précédent, les feuilles

détachées n'emploient pas en formations nouvelles toute la
matière due à l'assimilation; 33 pour 100 environ de cette
matière sert à l'accroissement des feuilles elles-mêmes. Lorsqu'un morceau de tige est en relation avec la feuille, une partie
de cette fraction de matière peut aussi s'écouler dans la tige.

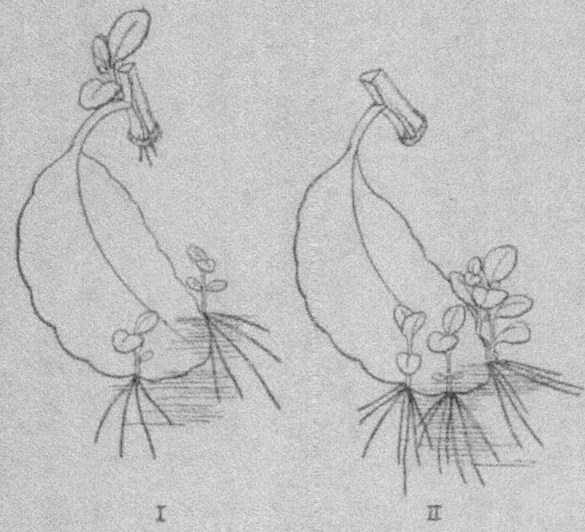

Fig. 31. — Un segment de tige adhérent à une feuille empêche plus
énergiquement la formation d'organes nouveaux sur cette feuille
lorsque le bourgeon axillaire peut se développer (feuille I) que
lorsque ce bourgeon a été supprimé (comme dans la feuille opposée II).
(Expérience du 13 mars au 9 avril.)

S'il arrive que le bourgeon axillaire de la feuille se développe,
ce qui ne se produit pas ordinairement, l'écoulement de matière
de la feuille vers la tige est beaucoup plus considérable, et par
suite, la formation d'organes nouveaux sur la feuille subit une
diminution encore bien plus forte que dans l'expérience précédente.

Prenons un grand nombre de segments de tige, longs de 25^{mm}

environ, possédant chacun un nœud avec ses deux feuilles, et coupons chacun d'eux en long en faisant passer la section autant que possible par l'axe de la tige et par le plan de symétrie qui laisse une feuille de chaque côté (*fig.* 31). Nous n'allons séparer aucun fragment de tige de sa feuille, mais dans la moitié des échantillons, nous enlèverons le bourgeon axillaire (*fig.* 31, II), et dans les échantillons symétriques, nous le laisserons (*fig.* 31, I). On suspendra ensuite les feuilles dans un aquarium, la pointe plongeant dans l'eau. Dans l'expérience ainsi disposée, on a trouvé des bourgeons axillaires développés à l'aisselle de 11 feuilles. On a pris ces 11 feuilles attachées à leur tige et les 11 feuilles correspondantes sans bourgeon axillaire de façon à mesurer l'influence du développement de ce bourgeon sur la régénération dans la feuille (*fig.* 31). Il se trouve que les feuilles dont le bourgeon axillaire a été supprimé ont produit un poids d'organes nouveaux bien plus élevé que les feuilles à l'aisselle desquelles le bourgeon s'est développé. Ce bourgeon a attiré et employé une très grande partie de la substance qui, dans les feuilles sans bourgeon, a servi à la régénération sur les feuilles mêmes. Les poids obtenus dans cette expérience qui a duré du 13 mars au 10 avril 1923 sont consignés dans le Tableau XII.

TABLEAU XII.

		Poids sec	
		des bourgeons formés sur ces feuilles.	des racines formées sur les feuilles.
	Poids sec de feuilles.		
Série I (bourgeon axillaire développé)........................	$1^g,745$	$0^g,056$	$0^g,027$
Série II (bourgeon axillaire supprimé)........................	$1^g,754$	$0^g,267$	$0^g,068$

Le poids sec de matière fournie par les deux séries de feuilles était sensiblement le même. Mais celui des racines et des bourgeons qui s'étaient développés sur les feuilles mêmes était beaucoup plus petit lorsqu'on avait laissé se développer leur bourgeon axillaire que dans le cas contraire. Les feuilles de la série I (*fig.* 31) dont les tiges ont développé leur bourgeon axillaire ont donné en tout $0^g,083$ seulement en poids sec de racines et de bourgeons ; le poids correspondant pour les feuilles de la deuxième série dont le bourgeon axillaire était supprimé est de $0^g,335$, soit 4 fois plus grand : cette différence tient au développement

Fig. 32. — De deux feuilles opposées, celle de gauche a été réduite : sur celle-ci, le segment de tige adhérent empêche la formation de racines et de bourgeons ; il ne suffit pas à empêcher entièrement la formation d'organes nouveaux sur la feuille entière. (Expérience du 13 mars au 26 avril 1913.)

des bourgeons axillaires de la série I dont le poids total est de 454^{mg}.

Un segment donné de tige restreint la régénération dans la feuille d'une manière qui dépend naturellement de la taille relative de la feuille ; la quantité de matière produite par une paire de feuilles opposées dépend de leur taille ; d'autre part un segment de tige de taille donnée ne peut en un temps fixé employer qu'une quantité limitée de cette matière ; par suite lorsqu'un petit segment de tige portant deux feuilles opposées est divisé en long et qu'on réduit la taille de l'une des feuilles, la régénération dans la feuille doit subir une diminution plus impor-

tante pour la feuille réduite que pour la feuille entière; c'est
bien ce qui se produit comme le montre la figure 32. D'autre part,
lorsqu'un segment de tige est très petit, son action inhibitrice
sur la régénération dans la feuille est presque nulle; c'est ce qu'on
peut vérifier en regardant la figure 33 dans laquelle une des

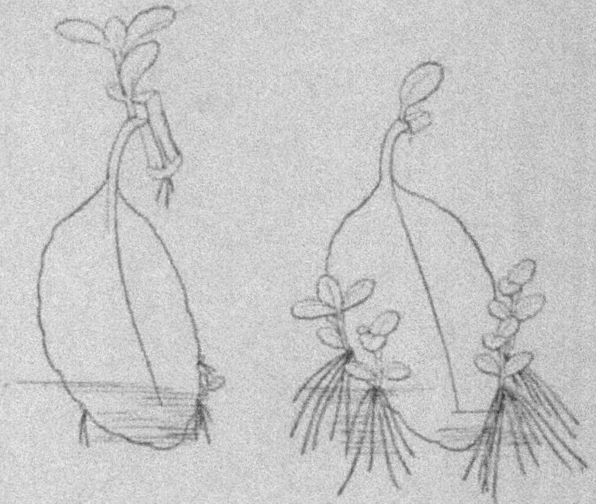

Fig. 33. — Deux feuilles opposées étant en relation avec des segments
de tige de taille inégale, le plus grand de ces segments empêche plus
complètement que l'autre la formation d'organes nouveaux sur la
feuille.

feuilles est en relation avec un fragment de tige d'environ 25^{mm}
de long tandis que la feuille opposée n'est attachée qu'à un
fragment de 4^{mm} seulement. Le fragment le plus petit diminue
moins que le plus grand la formation d'organes nouveaux.
Si les fragments de tige étaient pris assez grands, la régénération pourrait être entièrement supprimée.

Dans la plupart des expériences ici rapportées, la pointe des
feuilles plongeait dans l'eau; ce n'est pas là toutefois une condition indispensable de l'expérience; un segment de tige restreint
encore la formation de bourgeons ou de racines par les feuilles

lorsque celles-ci sont tout entières suspendues dans l'air humide comme on le voit dans la figure 28.

Nous avons vu qu'à l'obscurité la feuille ne forme qu'une quantité très réduite d'organes nouveaux par rapport à ceux qu'elle forme à la lumière. Il serait alors intéressant de chercher s'il se produit aussi à l'obscurité un moindre dévelop-

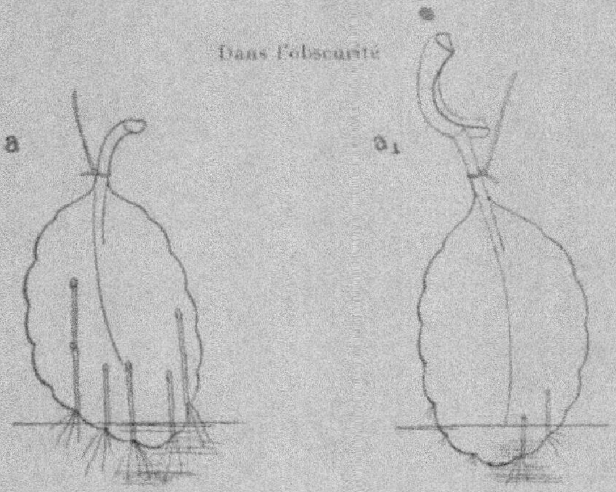

Fig. 34. — Même à l'obscurité, la tige empêche la formation d'organes nouveaux sur la feuille. Il se produit moins de ces organes sur la feuille a_1 en relation avec un segment de tige que sur la feuille a opposée complètement isolée. (Du 18 avril au 9 mai.)

pement des bourgeons lorsque la feuille est en relation avec un fragment de tige et si cette diminution est alors encore accompagnée d'un accroissement correspondant du poids sec de la tige. On a constaté que les tiges diminuent ou arrêtent le faible développement des bourgeons qui se produiraient sur les feuilles à l'obscurité et que le poids sec de ces tiges augmente d'à peu près la même quantité dont est diminuée la formation de bourgeons sur la feuille.

La figure 34 montre la différence d'aspect des feuilles laissées à l'obscurité suivant qu'elles sont ou non attachées à une tige.

Après 20 jours d'expérience, la feuille a isolée a développé une plus grande quantité de bourgeons que la feuille opposée a_1 restée en relation avec un segment de tige. Les tiges ont réalisé un gain de poids correspondant.

Le Tableau XIII donne les nombres exacts relatifs aux pesées de matière sèche dans cette expérience.

TABLEAU XIII.

	Poids sec de feuilles	Poids sec des bourgeons formés sur les feuilles.	Poids sec des racines formées sur les feuilles.
Série a (9 feuilles détachées)......	1g,035	0g,070	0g,007
Série a_1 (9 feuilles en relation avec des demi-segments de tige)......	1g,097	0g,006	0g,004

Les 9 feuilles a isolées ont développé en tout 77^{mg} de bourgeons et de racines; les feuilles opposées a_1 en relation avec des demi-segments de tige ont donné en tout 10^{mg} d'organes nouveaux, soit 67^{mg} de moins. Les demi-segments de tige avaient au début un poids sec de 454^{mg}; les demi-segments correspondant à a_1 pesaient secs à la fin de l'expérience 505^{mg}, soit 51^{mg} de plus. Ainsi à l'obscurité les demi-tiges de la série a_1 ont gagné à peu près autant en poids sec que les feuilles a_1 ont perdu en organes régénérés par rapport aux feuilles a. Dans cette expérience, les tiges n'ont pas développé de bourgeon axillaire. En répétant les mêmes expériences à l'obscurité avec 17 paires de feuilles en relation avec des demi-segments de tige, 7 des feuilles liées aux tiges ont développé leurs bourgeons axillaires et il en est résulté qu'une plus grande quantité de matière est sortie des feuilles vers la tige, et que dans ces feuilles l'arrêt de formation d'organes nouveaux a été encore plus complet. Le Tableau XIV donne les résultats correspondant après 22 jours à l'ensemble des 17 feuilles isolées et des 17 feuilles opposées en relation avec des demi-segments de tige.

TABLEAU XIV.

Expérience faite à l'obscurité.

	Poids sec de feuilles.	Poids sec des bourgeons formés sur les feuilles.	Poids sec des racines formées sur les feuilles.
Série *a* (17 feuilles détachées).....	1ᵍ,740	0ᵍ,161	0ᵍ,019
Série *b* (17 feuilles en relation avec un demi-segment de tige).......	1ᵍ,732	0ᵍ,005	0

Les feuilles isolées ont donné en tout 175^{mg} de poids sec d'organes régénérés de plus que les feuilles restées en relation avec des tiges pour lesquelles ce poids était presque nul; le poids sec des 17 demi-segments de tige qui était au début de 571^{mg} était de 879 à la fin; ce dernier chiffre comprend le poids des 7 bourgeons axillaires développés; ainsi le poids sec des tiges a augmenté de 308^{mg}, soit de plus qu'il n'est nécessaire pour expliquer l'arrêt de production d'organes nouveaux sur les feuilles en présence de tiges.

Dans ces expériences, la matière que la feuille cède à la tige en l'absence de lumière avait été formée auparavant sous l'influence de l'éclairement; la régénération dans la plante à l'obscurité ressemble à la régénération dans les animaux à l'état de jeûne, chez lesquels elle dépend aussi de l'hydrolyse d'un matériel de réserve.

Nous sommes maintenant en état de comprendre pourquoi la feuille de *Bryophyllum calycinum*, lorsqu'elle est isolée, forme des bourgeons et des racines sur les crans de son bord alors qu'elle ne le fait pas lorsqu'elle fait partie d'une plante normale. La feuille liée à une plante normale peut être plongée dans l'eau sans former d'organes nouveaux sur son bord. Toute la matière qui pourrait être utilisée pour cette formation est absorbée par la tige. Dans un récent voyage aux Iles Bermudes, j'ai eu l'occasion d'examiner des milliers de plantes de *Bryophyllum calycinum* sans trouver un seul cas où une feuille faisant partie d'une plante ait développé des racines ou des bourgeons; il en est de même dans ma serre, et ce n'est que récemment que j'ai eu l'occasion d'observer six plantes dont les feuilles les plus anciennes avaient donné naissance à de minces bourgeons; elles étaient âgées et placées dans deux caisses qui ne contenaient point d'autres plantes, de sorte que l'on pouvait soupçonner leurs racines d'avoir eu à supporter quelque dommage ou quelque maladie. Lorsqu'une tige porte de nombreuses feuilles et lorsque la croissance de cette tige est arrêtée ou lorsque l'écoulement de la sève est gêné, il est possible que des organes nouveaux se forment sur des feuilles en relation avec cette tige. Tout ce qu'on peut dire sur ce développement, c'est que le flux de matière de la feuille vers la tige doit être arrêté en tout ou en partie pour qu'il se produise.

Le fait que, dans de tels cas, la régénération dans la feuille en relation avec la tige peut se produire sans qu'il y ait de traumatisme exclut l'idée de l'intervention d'une « hormone de blessure » ou d'un « stimulus de blessure », capable de déterminer la formation de nouveaux organes sur les crans d'une feuille isolée de *Bryophyllum*; c'est ce qu'on a déjà fait remarquer antérieurement.

Ainsi se trouve résolue la première partie du problème de la régénération, à savoir la relation entre les nouvelles formations et une mutilation : la solution obtenue est que la sève, c'est-à-dire une eau contenant diverses substances en solution, se trouve par suite d'une mutilation dirigée vers des points où elle ne se serait pas rassemblée sans cette opération. Ce n'est que par une méthode expérimentale quantitative qu'on a pu montrer cette relation.

CHAPITRE VII.

APPLICATION DE LA RELATION DE MASSES A LA RÉGÉNÉRATION
DANS UN SEGMENT DE TIGE DE « BRYOPHYLLUM CALYCINUM »
PRIVÉ DE SES FEUILLES.

1. Dans les expériences faites sur la tige nous rencontrons
le second problème de la régénération qui a trait à sa polarité.
Il n'est pas rare que les phénomènes de régénération possèdent

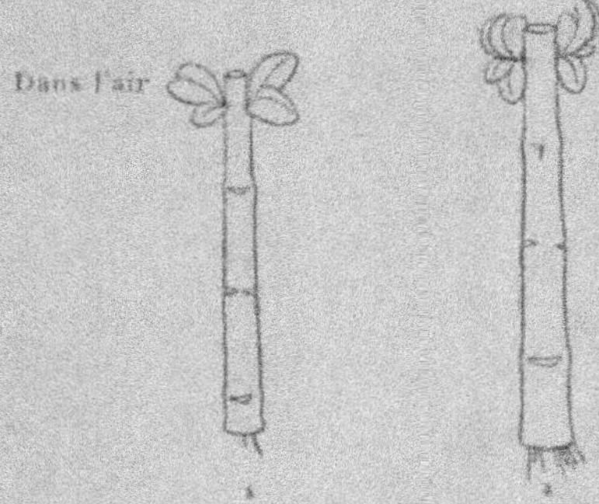

Fig. 35. — Les deux segments de tige figurés sont empruntés à la même
plante; l'un est pris en haut de la tige (1), l'autre en bas (2) : ces segments suspendus dans l'air humide ne forment de bourgeons qu'à
leur nœud supérieur, de racines qu'à leur extrémité inférieure. La
masse d'organes nouveaux produits est plus grande dans le segment 2
dont la masse est plus grande. (Expérience du 4 octobre au 7 novembre.)

un caractère polaire, c'est-à-dire qu'il se forme des organes différents aux extrémités opposées d'un fragment enlevé à un organisme mutilé (*fig.* 5, 7, 9 et 11). Bien que ce caractère de polarité
ne soit pas rare dans les phénomènes de régénération, il n'est
cependant pas général : c'est ainsi que dans la régénération de

la feuille de *Bryophyllum*, nous n'avons pas eu à constater qu'il se forme des bourgeons sur les crans du bord de la feuille à une de ses extrémités et des racines sur ceux de l'extrémité opposée; ces deux sortes d'organes prennent toujours naissance sur un même cran et les racines y apparaissent avant les bourgeons; il est tout à fait possible que l'une des faces du tissu embryonnaire d'un cran (peut-être le côté ventral) donne naissance aux bourgeons et l'autre face (peut-être le côté dorsal) aux racines, et s'il en est ainsi, c'est encore là un cas de régénération polaire. Le caractère polaire de la régénération dans un segment de tige de *Bryophyllum* privé de feuilles est en tout cas différent, car les bourgeons et les racines prennent ici naissance à une grande distance les uns des autres, les premiers se formant sur le nœud le plus élevé de la tige, et les autres à la base de celle-ci (*fig.* 35). On a donc à se demander ce qui détermine les caractères polaires spécifiques de la régénération dans la tige. Nous avons déjà mentionné l'ancienne théorie de Bonnet et Sachs ([1]) qui explique la polarité en admettant qu'il existe une différence chimique entre les sèves ascendante et descendante, cette dernière étant supposée contenir les substances spécifiques nécessaires à la formation des racines, tandis que l'autre contient les substances spécifiques qui forment les bourgeons. Ces substances spécifiques formatrices d'organes sont jusque aujourd'hui purement hypothétiques, bien que leur existence ne soit pas impossible. A supposer qu'elles existent réellement, ces substances doivent toujours être présentes dans les liquides de la feuille puisque chaque cran d'une feuille détachée peut donner naissance à la fois à des racines et à des bourgeons. Nous n'aurons à traiter, ni dans ce Chapitre, ni dans le suivant, le problème de la polarité, mais nous avons l'intention de montrer d'abord que les mêmes lois ou règles qui gouvernent la régénération dans les feuilles suffisent aussi à l'expliquer dans la tige; nous allons d'abord montrer que la grandeur de la régénération dans un seg-

---

[1] J. SACHS, *Stoff und Form der Pflanzenorgane* (*Arbeiten des botanischen Instituts in Würzburg*, t. II, p. 452 et 689, Leipzig, 1881).

ment de tige exposé à la lumière est en proportion directe de la
masse de la tige.

Tout nœud de la tige de *Bryophyllum* possède deux boutons
dormants capables de se développer en bourgeons. Lorsqu'on
enlève à une plante un segment de tige qu'on prive de ses feuilles
et qu'on suspend dans l'air humide, il n'y a que les deux boutons

Dans l'air

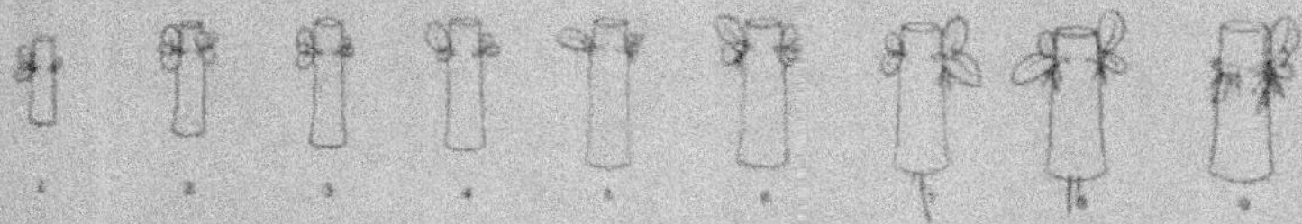

Fig. 36. — Une tige a été découpée en 9 segments figurés ici et dont chacun
porte un seul nœud; ces segments se succèdent du haut en bas de la tige
de 1 à 9. Chaque segment ainsi isolé, suspendu dans le même aquarium et
en même temps que ceux de la figure précédente, développe deux bourgeons
sur son nœud, mais la masse de ces formations nouvelles varie dans le même
sens que la masse du segment de tige qui les produit et non avec son numéro
dans la série considérée.

du nœud supérieur qui se développent en bourgeons actifs.
Tous les boutons des autres nœuds restent à l'état dormant
(*fig.* 35). Il ne peut naître de racines permanentes qu'à la base
de chaque segment de tige : il commence bien par se former
des racines aériennes à chaque nœud, mais elles ne tardent
pas à se dessécher et il n'y a que celles de la base qui se développent. La figure 35 montre bien le caractère polaire de la
régénération des segments de tige privés de feuilles et suspendus
dans l'air humide. Si maintenant on fragmente une longe tige
privée de ses feuilles en autant de parties qu'il y a de nœuds,
les boutons dormants de chaque nœud se développeront en
bourgeons (*fig.* 36). Les tiges des figures 35 et 36 ont toutes été
prises sur la plante en même temps et suspendues simultanément
dans l'air humide du même aquarium.

On arrive à peu près au même résultat lorsque l'extrémité
inférieure des segments de tige plonge dans l'eau : la seule différence qu'on observe alors est que souvent, en sus des deux bou-

tons du nœud supérieur, il y en a encore un ou deux qui se développent sur le nœud placé au-dessous quand le segment de
tige est d'assez grande longueur (*fig.* 37). La vitesse de croissance des bourgeons et des racines est aussi plus grande dans les

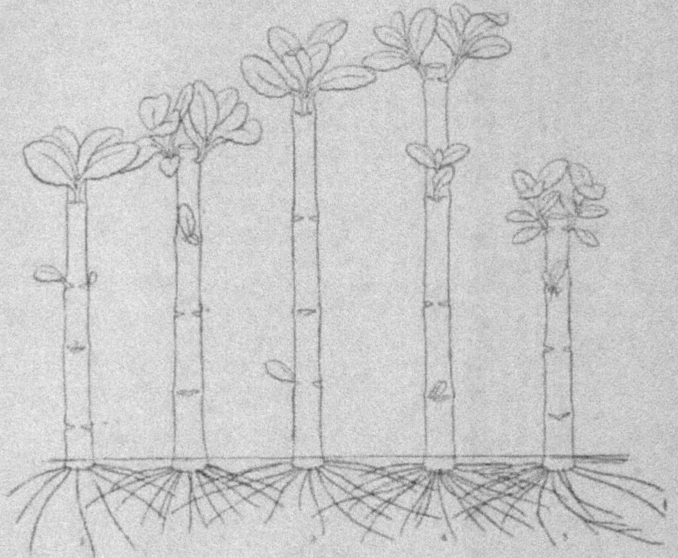

Fig 37. — L'expérience représentée ne diffère de celle de la figure 35
qu'en ce que les longs segments de tige plongent dans l'eau par leur
base. L'expérience a duré du 27 septembre au 21 octobre. Tous les
segments de tige étaient empruntés à une même plante ; la quantité
d'organes régénérés est proportionnelle à la masse de chaque tige.

tiges dont la base est immergée (*fig.* 37) que dans celles qui sont
tout entières suspendues dans l'air humide (*fig.* 35). Lorsque des
segments de tige qui ne portent qu'un seul nœud sont immergés
à leur base, chaque segment forme des bourgeons sur ce
nœud (*fig.* 38).

Lorsqu'on compare la quantité de bourgeons qui se forment

simultanément dans les segments à un seul nœud des figures 36 et 38 et dans ceux des figures 35 et 37 qui portent 4 nœuds, on remarque que les bourgeons sont de plus grande taille dans les longs segments de tige et le même fait peut être observé sur toutes les autres figures de ce Chapitre. Il est presque évident lorsqu'on jette les yeux sur ces figures que la masse des bour-

Fig. 38. — On découpe la tige d'une plante en 10 petits segments portant un nœud chacun. Ces segments sont numérotés de haut en bas. On les plonge dans l'eau par leur base. Cette expérience a été faite en même temps que celle qui est représentée dans la figure 37. Chaque segment a donné naissance à 2 bourgeons dont la taille n'est pas en relation avec le numéro de série du segment correspondant, mais avec sa masse; la taille de chaque bourgeon est beaucoup plus petite que celle des bourgeons formés en même temps sur les segments de plus grande taille de la figure 37; ceux-ci portent des racines tandis que, des segments de la présente figure 38, il n'y a que les deux plus grands (9 et 10) qui aient donné naissance à des racines.

geons qui se forment croît avec la masse de la tige; on se propose de montrer que, dans les limites des erreurs expérimentales, la masse de bourgeons (pesée à l'état sec) que produit 1^g (sec) de tige est, dans des conditions données, et dans un temps donné à peu près toujours le même, que les tiges soient de grande taille ou qu'elles soient divisées en segments à un seul nœud.

La tige qu'on a privée de feuilles d'une très grande plante a été divisée en 5 fragments dont chacun possède 4 nœuds (*fig.* 37); on a pris une seconde tige également défeuillée sur une autre plante et on l'a segmentée en 10 parties dont chacune porte un seul nœud (*fig.* 38). Tous les segments formés sont immergés à leur base et les fragments, petits et grands, sont suspendus dans le même aquarium du 27 septembre au 22 octobre 1922. Au bout de ce temps on a enlevé les bourgeons, fait sécher bourgeons et tiges 24 heures au four à 100° environ et l'on a constaté que le poids sec des 5 tiges (*fig.* 37) était de 13^g,670, et celui de leurs 16 bourgeons 0^g,495. Un gramme de tige (poids sec) donnait donc naissance à 36^{mg} de bourgeons (secs) : le poids sec total des 10 segments courts de tige à un seul nœud (*fig.* 38) était de 2^g,880 et le poids sec des 19 bourgeons qu'ils avaient produits était de 0^g,115, soit 40^{mg} par gramme de tige sèche. Les deux nombres 40 et 36^{mg} sont assez étroitement voisins pour montrer que, dans des conditions semblables, la production des bourgeons par des segments de tige privés de feuilles est à peu près proportionnelle à la masse de ces segments. En d'autres termes, la masse de bourgeons produite en haut d'une grande tige privée de ses feuilles (*fig.* 37) est à peu près égale à la masse correspondante qu'on obtiendrait si la même tige était capable de développer en bourgeons tous les boutons dormants de sa surface.

L'expérience de la figure 35 dans laquelle des tiges sont tout entières suspendues dans l'air humide donne un résultat semblable; cette expérience a duré du 4 octobre au 7 novembre. Cinq grandes tiges portant chacune quatre nœuds (*fig.* 35) et pesant à l'état sec 5^g,486 ont produit 10 bourgeons dont le poids sec était 0^g,114, soit 20^{mg},8 de bourgeons par gramme de tige.

Quatre autres fragments de tige plus courts ne portant chacun que deux nœuds et pesant au total 3^g,214 (poids sec) ont donné 8 bourgeons pesant à l'état sec 0^g,0668, soit 20^{mg},7 de bourgeons par gramme de tige.

On a encore divisé une troisième tige en 9 parties possédant chacune un nœud (*fig.* 36); le poids total de cette tige était à l'état sec de 3^g,270, elle donna naissance à 17 bourgeons pesant secs ensemble 50^{mg}, ce qui fait 15^{mg},3 par gramme de tige.

Les deux premiers nombres sont identiques, le dernier est un peu plus faible. Dans ces expériences, l'extrémité de la tige peut souffrir (soit par dessiccation, soit par suite de l'attaque de moisissures), et cela détermine une erreur qui est particulièrement notable lorsqu'on coupe une tige en un grand nombre de petits fragments; mais en dépit de ces sources d'erreur les résultats obtenus sont remarquablement nets et cohérents.

Il a paru intéressant de comparer la manière dont se comportent des tiges privées de leurs feuilles et fendues en long. Dans ce cas, les deux moitiés de la tige devraient donner sensiblement les mêmes résultats.

2. *Expériences portant sur des tiges fendues en long.* — On a exécuté un certain nombre d'expériences au moyen de tiges

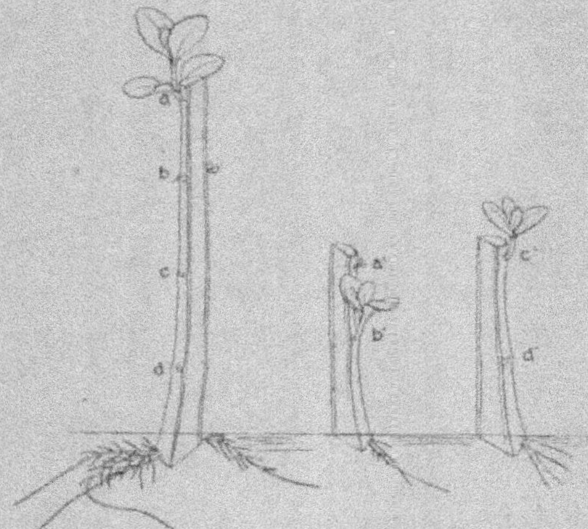

Fig. 39. — Segment de tige portant 4 nœuds *a*, *b*, *c*, *d* et fendu en long par le milieu; l'un des morceaux ainsi obtenus a été encore divisé en travers en deux morceaux portant respectivement les nœuds *a'* et *b'* pour l'un, *c'* et *d'* pour l'autre. L'expérience commencée le 9 décembre 1921 a pris fin le 4 janvier 1922.

fendues en long de la manière qu'indique la figure 39. On ne s'est servi que de segments empruntés au milieu de la tige de plantes de grande taille pour des raisons qu'on fera connaître un peu plus tard. Des tiges qui portaient 4 nœuds chacune ont été fendues en long; l'une des moitiés a été ensuite coupée en travers en deux parties portant chacune 2 nœuds a' b' et c' d' (*voir* même *fig.* 39), l'autre demi-tige avec ses 4 nœuds a, b, c, d a été laissée entière et les trois segments ainsi obtenus ont été immergés à leur extrémité inférieure; on pouvait prévoir que la somme des poids secs de bourgeons produits par les deux petits segments à deux nœuds chacun devait égaler le poids correspondant d'organes dus au segment de plus grande taille à 4 nœuds. Un coup d'œil jeté sur la figure 39 montre qu'il en est à peu près ainsi et les pesées confirment cette apparence.

La première expérience a porté sur 7 tiges; dans une autre on en a employé 16. Le Tableau XV fait connaître le résultat des pesées.

TABLEAU XV.

N° de l'expérience.	Durée.	Nombre de segments de tige.	Poids sec de bourgeons produits.	de tiges.	Poids de bourgeons par gr. de tige.
			g	g	mg
I.	3 nov.	7 tiges à 4 nœuds	0,1545	4,290	36,0
	9 déc.	14 segments à 2 nœuds....	0,147	3,802	38,7
II.	1921-1922 8 déc.	16 tiges à 4 nœuds.......	0,730	16,646	45,0
	9 janv.	34 segments à 2 nœuds...	0,577	14,527	39,5

Les demi-tiges à 4 nœuds ont donné 36^{mg} de poids sec de bourgeons par gramme de poids sec de tige; le poids obtenu pour les segments à 2 nœuds est de 38^{mg},7 par gramme de tige, ce qui est pratiquement identique. Il est donc évident que le poids sec de la somme des bourgeons formés par les petits segments a' b' et c' d' est sensiblement égal à celui que donne un seul segment tel que a b c d; autrement dit, la masse des bourgeons produits au sommet de segments de grande taille de la tige est à peu près égale à la masse correspondante des bourgeons qu'auraient produits ces mêmes tiges si les boutons de leurs nœuds d'ordre pair avaient été en mesure de se développer.

3. Suite des expériences sur des segments grands et petits em-

pruntés à une même tige. — On a fait une troisième série d'expériences de la manière suivante : on a prélevé sur la même plante âgée de plus d'un an de longs segments de tige contenant envi-

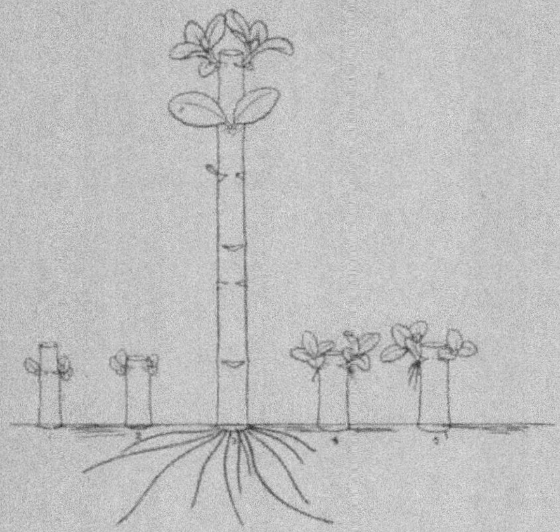

Fig. 40. — On voit représentés ici 5 segments découpés sur la tige d'une même plante. Ceux qui portent les nᵒˢ 1 et 2 n'ont chacun qu'un seul nœud ; ils sont pris au sommet de la tige. Les segments 4 et 5, qui n'ont qu'un seul nœud aussi, sont pris à la base ; le segment intermédiaire 3 porte 6 nœuds. Ce dernier produit des bourgeons de plus grande taille que les segments plus petits détachés au-dessus ou au-dessous ; il donne de plus naissance à des racines déjà assez grandes, alors que seul le petit segment de base, le plus grand des autres, commence à en former une. (Expérience commencée le 15 octobre et terminée le 21 novembre 1911.)

ron 10 nœuds (*fig*. 40) ; tous les segments médians de 6 nœuds environ (nᵒ 3, *fig*. 40) servaient à l'expérience et les deux segments plus petits 4 et 5 qui portaient chacun un nœud et qui se trouvaient au-dessous de ces segments moyens dans la même tige servaient de contrôle. Dans d'autres expériences de carac-

tère analogue, des segments portant 14 nœuds environ ont été
prélevés sur la tige d'une plante : de petits segments à la base

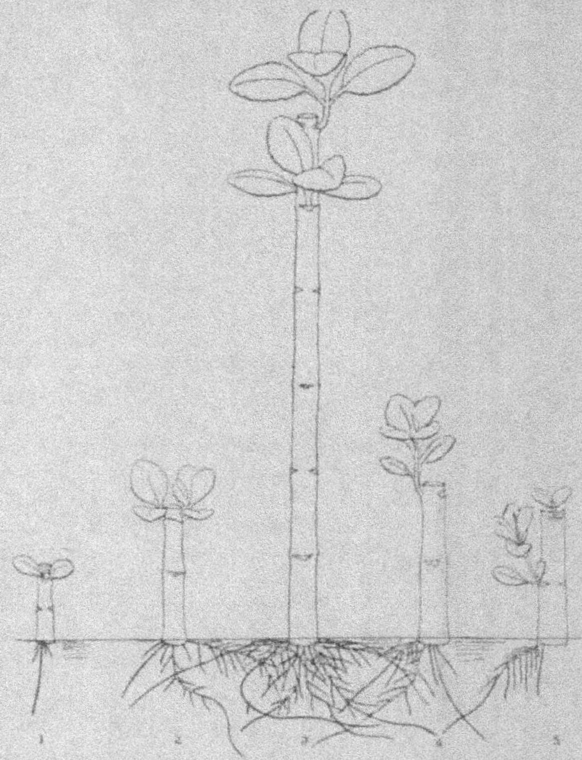

Fig. 41. — Même expérience que celle de la figure 40, sauf que les petits
segments portent chacun deux nœuds ; la masse des racines et des bourgeons formés est proportionnelle à la masse de la tige. L'expérience
a duré du 16 novembre au 19 décembre 1921.

contenant chacun deux nœuds (4 et 5, *fig.* 41) servaient comme
contrôle et le segment moyen (3, *fig.* 41) servait à l'expérience

principale. Tous les segments plongeaient dans l'eau par leur base.

On voit aussitôt, en regardant les figures 40 et 41, que les longs segments (3) développent une masse plus importante de bourgeons que les plus courts (1 et 2 ou 4 et 5) dans le même temps et toutes autres conditions étant égales. On peut aussi noter que les grands segments médians (3) forment plus rapidement que les petits segments leurs racines à la base et que la masse de ces racines se trouve toujours plus grande que celle des racines des petits segments (*fig.* 40 et 41).

Il s'est trouvé que la production de bourgeons dans les segments pris le plus au sommet des tiges (1 et 2) était ordinairement irrégulière, généralement trop petite, de sorte que ces segments ne pouvaient utilement servir de contrôle. Les segments à la base (4 et 5) se comportent au contraire de façon normale. Il semble que l'allure anormale des petits segments au sommet se manifeste tant que les feuilles que portent ces segments sont encore petites et en voie de croissance, et peut-être ceci résulte-t-il de ce que le bourgeon d'où procède ultérieurement la régénération de bourgeons sur la tige n'est pas encore arrivé à son entier développement. Il est donc convenable de ne pas se servir dans ces expériences des parties de la tige qui sont trop voisines du sommet; il peut aussi être bon de ne pas employer de segments de tiges trop voisins des racines. Au bout de 3 à 5 semaines, le poids sec des bourgeons et de la tige employés dans ces expériences a été mesuré. Certains petits segments de tige ayant été souvent attaqués par des moisissures, on n'a employé comme contrôle que l'un des deux petits segments de base. Voici les résultats fournis par ces expériences :

EXPÉRIENCE I. — *Du 25 octobre au 23 novembre* 1921.

<table>
<tr><td></td><td></td><td>Poids sec
de bourgeons
par gramme
de tiges.</td></tr>
</table>

6 longs segments de 6 nœuds chacun :

Poids sec de tiges..............................	9,260	mg
» de 13 bourgeons....................	0,260	28,0
» de racines.......................	0,057	

Contrôle : 7 petits segments de base portant 1 nœud chacun :

Poids sec de tiges..............................	2,895	
» de 13 bourgeons....................	0,088	30,4
» de racines.......................	0,003	

Il est évident que les segments de contrôle pris à la base donnent à peu près le même poids de bourgeons par gramme de tige que les longs segments, soit 30^{mg},4 au lieu de 28,0.

EXPÉRIENCE II. — *Du 2 novembre au 6 décembre* 1921.

<table>
<tr><td></td><td></td><td>Poids sec
de bourgeons
par gramme
de tiges.</td></tr>
</table>

5 longs segments de tige de 6 nœuds chacun :

Poids sec de tiges..............................	6,486	mg
» de 10 bourgeons....................	0,272	42,0
» de racines.......................	0,0458	

Contrôle : 4 courts segments de base portant 1 nœud chacun :

Poids sec de tiges..............................	1,058	
» de 8 bourgeons.....................	0,041	39,0
» de racines.......................	0,0034	

Ici encore les segments courts de base produisent à peu près la même masse de bourgeons par gramme que les segments plus longs.

EXPÉRIENCE III. — *Du 16 novembre au 20 décembre 1921.*

Poids sec de bourgeons par gramme de tiges.

4 longs segments de tige de 6 nœuds chacun :

Poids sec de tiges......................	18,658	mg
» de 16 bourgeons.................	0,944	50,3
» de racines......................	0,1428	

Contrôle : 18 petits segments de base de 2 nœuds chacun :

Poids de tiges.........................	18,147	
» de 36 bourgeons................	0,800	44,0
» de racines.....................	0,136	

EXPÉRIENCE IV. — *Du 22 octobre au 15 novembre 1921.*

4 longs segments de tige de 4 nœuds chacun :

Poids sec de tiges.....................	4,214	mg
» de 8 bourgeons.................	0,089	21,0

Contrôle : 4 courts segments de base de 2 nœuds chacun :

Poids sec de tige.....................	2,492	
» de 8 bourgeons...............	0,0475	19,0

EXPÉRIENCE V. — *Du 11 octobre au 1ᵉʳ novembre 1921.*

4 longs segments du sommet de 6 nœuds chacun :

Poids sec de tiges....................	3,921	mg
» de 8 bourgeons...............	0,113	29,0
» de racines...................	0,0134	

Contrôle : 4 segments de base de 2 nœuds chacun :

Poids sec de tiges...................	3,744	
» de 10 bourgeons.............	0,090	24,0

EXPÉRIENCE VI. — *Du 11 décembre 1911 au 17 janvier 1912.*

		Poids sec de bourgeons par gramme de tiges.

7 longues tiges prises au sommet de 6 nœuds chacune :

	g	mg
Poids sec de tiges........................	6,634	
» de 12 bourgeons..............	0,340	51,0
» de racines....................	0,0512	

Contrôle : 7 courts segments de base de 2 nœuds chacun :

Poids sec de tiges.......................	3,560	
» de 12 bourgeons..............	0,1770	49,6
» de racines....................	0,0128	

Nous remarquerons que le poids de bourgeons produit par
gramme de poids sec de tige diffère peu dans les contrôles du
poids produit par les segments de tige plus longs; il y a des cas
où la différence n'est que de 6 pour 100. Si l'on considère combien
les conditions expérimentales sont médiocres, particulièrement
du fait que certaines parties de la tige ne peuvent être consi-
dérées comme fonctionnant normalement, surtout celles qui sont
trop voisines des sections terminales, du fait aussi que les boutons
ont pu être plus ou moins détériorés par les parasites, etc.,
l'accord des chiffres paraîtra remarquable.

Ces résultats ne permettent pas de douter que, dans les limites
de précision des expériences, le poids sec des bourgeons qui se
produisent à l'extrémité supérieure d'un segment un peu long
de tige privé de ses feuilles est à peu près égal à la quantité
qui aurait été produite sur la même tige si les boutons placés
sur tous les nœuds avaient été en état de se développer.

4. *Régénération des racines.* — La régénération des racines
à la base diffère de la production des bourgeons au sommet en
ceci que ces derniers commencent à croître presque aussitôt après

l'isolement du segment de tige privé de feuilles tandis qu'il s'écoule un assez long temps avant que les racines fassent leur apparition à la base de cette tige ; pour cette raison, des mesures exactes qui permettent de relier la masse des racines qui se forment à la base d'une tige à celle de la tige même demanderaient probablement un temps plus long que celui qui a été accordé à nos expériences. Toutefois, en jetant les yeux sur les dessins, on peut se convaincre que la formation des racines commence plus rapidement dans les tiges de plus grande taille que dans les plus petites, quelle que soit d'ailleurs la position qu'occupe à l'origine dans la plante le segment de tige considéré.

C'est ainsi que dans la figure 40 la longue pièce médiane (3) forme des racines avant l'un et l'autre des deux segments pris à sa base, et la figure 41 montre de plus que la masse de racines qui se forme semble aussi croître parallèlement avec la masse du segment ; on notera le même fait en comparant les figures 37 et 38. Il est encore visible dans la figure 39 que la masse de racines qui se forment sur les segments dépouillés de leurs feuilles de tiges de *Bryophyllum calycinum* croît, toutes conditions égales, avec la masse de ces segments.

5. *Influence de la lumière sur la régénération dans une tige dépouillée de ses feuilles*. — Pour arriver à démontrer en fin de compte que le facteur actif de la régénération est la quantité des matières produites par assimilation, il est nécessaire d'examiner l'action de la lumière sur ce phénomène dans une tige privée de ses feuilles. Pour cela, on a suspendu 8 longs segments de tige dépouillés de leurs feuilles dans un aquarium maintenu dans l'obscurité par une double enveloppe de carton noir, tandis que 8 autres tiges semblables étaient placées en même temps et de la même manière dans un autre aquarium exposé à la lumière ordinaire du jour ; dans tous les cas, les tiges plongeaient dans l'eau par leur base ; la seule condition qui n'était pas égale pour toutes était l'éclairage. Au bout de 23 jours, toutes les tiges exposées à la lumière avaient donné naissance à de fortes racines à leur base et développé de vigoureux bourgeons à leur sommet (tige à droite de la figure 42).

Dans le même temps, aucune des tiges placées à l'ombre n'avait formé une seule racine à sa base, et quelques-unes seulement avaient donné naissance à quelques minces racines aériennes

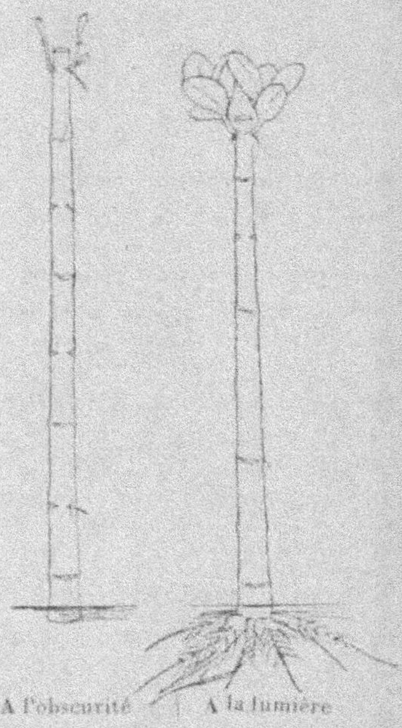

Fig. 42. — Influence de la lumière sur la formation des bourgeons et des racines sur la tige. A l'obscurité, il ne se forme pas de racines (tige de gauche); il s'en produit au contraire une grande quantité sous l'action de la lumière (tige de droite). Il ne se produit aussi à l'obscurité qu'une masse fort minime de bourgeons si on la compare à celle qui se forme à la lumière.

(tige à gauche de la figure 42). Les bourgeons développés à l'obscurité étaient de grandeur médiocre et d'apparence nettement étiolée. Le phénomène le plus frappant était l'absence de racines à la base des tiges placées à l'obscurité; nous verrons plus tard que l'influence favorable qu'exerce la feuille sur la formation de racines à l'extrémité de la tige disparaît également lorsque cette feuille est privée de lumière.

Les expériences précédentes montrent que la quantité d'organes régénérés dans un segment de tige dépouillé de ses feuilles dépend de la quantité de produits assimilés formés dans la tige grâce à la chlorophylle que contient son écorce.

6. *Hypothèse de Child des gradients axiaux.* — Nous pouvons en passant discuter ici l'hypothèse, soutenue par Child dans un grand nombre de publications, du caractère polaire de la régénération. Ce caractère polaire serait dû à un gradient axial du métabolisme, dont la vitesse est supposée maxima à l'un des pôles d'un organe ou d'un animal, minima au pôle opposé et variant régulièrement suivant la distance du point considéré aux deux pôles (¹). Or nous avons vu que la croissance des racines et des bourgeons est proportionnelle à la masse du segment de tige qui les forme; il y aurait donc deux gradients opposés de métabolisme dans la tige, l'un, croissant du sommet à la base, expliquerait la formation des racines, et l'autre, croissant de la base au sommet, celle des bourgeons.

Child mesure le métabolisme relatif d'un segment d'organe par le temps que demande la dissolution de ce segment dans une solution de cyanure de potassium; l'unité de mesure du métabolisme est la calorie et les calories produites par un animal ou une plante dans l'une de leurs parties n'ont pas pour mesure le temps nécessaire à la dissolution de l'animal ou de la plante dans une solution de cyanure. D'ailleurs, la régénération est due à un processus synthétique et la seule mesure approximative qu'on en ait pour le moment est le poids sec d'organes qui se trouve produit; si le caractère polaire de la régénération était dû à l'existence d'un gradient de synthèse dans la tige, il s'ensuivrait que la vitesse de synthèse ou la croissance d'un bourgeon devrait être d'autant plus grande que

---

(¹) C. M. CHILD, *Senescence and rejuvescence*, Chicago, 1915.

le bourgeon serait plus près du sommet de la plante. Si donc nous découpions un long segment de tige en autant de fragments qu'il contient de nœuds, la formation de bourgeons ne devrait pas commencer dans les différents fragments au même moment, mais successivement et dans l'ordre où les segments se trouvaient placés respectivement dans la tige, en commençant par celui qui était le plus voisin du sommet, et de proche en proche jusqu'au plus près de la base; la vitesse de développement des bourgeons de chaque segment devrait aussi varier dans le même ordre.

Les figures 36 et 38 montrent précisément les résultats obtenus de cette manière; les segments de tige désignés par les nombres 1 à 9 (*fig.* 36) ont été prélevés sur une même tige et il en a été de même des segments 1 à 10 de la figure 38. Dans les deux cas, les segments qui portent le n° 1 sont les plus voisins du sommet et les nombres successifs qui désignent les autres segments indiquent leur position relative en allant vers la base. Les bourgeons ne se développent pas d'abord dans le segment 1 le plus voisin du sommet, puis dans le segment 2, et ainsi de suite, mais en même temps dans tous les segments. S'il y a un retard dans ce développement, ce serait plutôt dans les segments les plus voisins du sommet, pour des raisons déjà données; de plus la vitesse de croissance des bourgeons ne suit pas l'ordre de leur position dans la tige, mais elle est nettement proportionnelle à la masse du segment de tige auquel le bourgeon se rattache, comme le montre un regard jeté sur les figures. L'hypothèse de Child est en contradiction avec les faits, non seulement en ce qui concerne la régénération des bourgeons, mais aussi pour ce qui a trait à la production des racines.

CHAPITRE VIII.

COMMENT LES ORGANES A CROISSANCE RAPIDE
EMPÊCHENT LA RÉGÉNÉRATION DANS UNE TIGE.

Le Chapitre précédent nous a montré que la grandeur de la régénération dans un fragment de tige privé de ses feuilles est déterminée par la loi des masses. Lorsqu'il ne se forme de

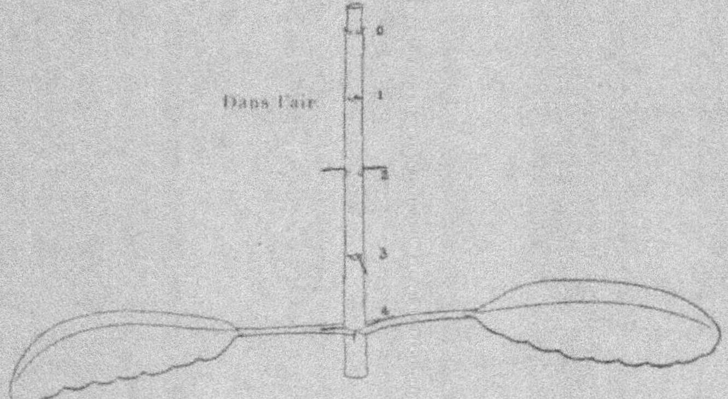

Fig. 43. — La polarité de la régénération dans la tige ne se manifeste pas d'emblée; il se forme tout d'abord des racines sur les nœuds 1, 2, 3 et 4 et des bourgeons aux nœuds supérieurs 0 et 1 des tiges suspendues dans l'air humide. (Expérience du 18 au 23 octobre.)

racines qu'à la base de ce fragment et de bourgeons qu'au sommet, toute la matière qui se trouve utilisable pour la formation de ces organes doit se réunir à ces extrémités; ce n'est que de cette manière que la masse totale des bourgeons formés au sommet d'un long fragment de tige peut être directement proportionnelle à la masse de ce fragment.

Dans une tige de *Bryophyllum*, la régénération ne possède pas d'emblée, comme on l'admet généralement, un caractère polaire; elle se présente comme assez complexe : il peut apparaître des racines et des bourgeons sur tous les nœuds d'un fragment de tige, et s'il arrive qu'en fin de compte il ne reste de racines qu'à la base et de bourgeons qu'au sommet,

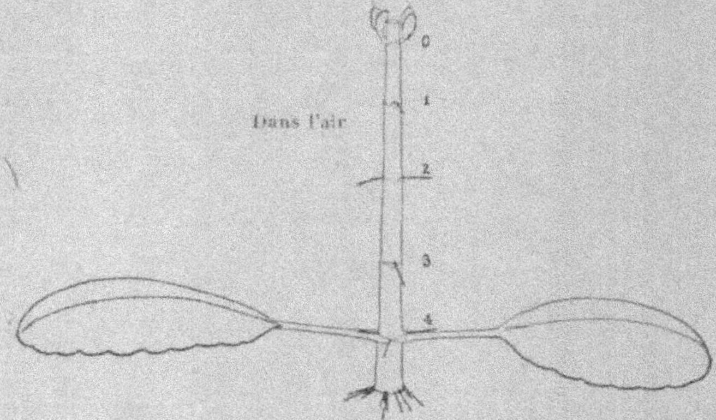

Fig. 44. — Même tige que dans la figure précédente dessinée 6 jours plus tard (29 octobre). Les bourgeons du nœud supérieur 0 se sont accrus beaucoup et ont arrêté le développement des bourgeons du nœud 1. Des racines commencent à apparaître à la base de la tige.

il faut l'attribuer à un phénomène secondaire : les organes ainsi placés croissant en effet plus rapidement que les autres empêchent leur développement; ce phénomène d'inhibition a déjà été décrit en ce qui concerne la feuille; dans ce cas, la croissance rapide des bourgeons sur une partie de son limbe détermine un afflux des liquides de la feuille vers cette région, ce qui empêche la croissance en d'autres points.

Suspendons verticalement dans l'air humide des tiges portant deux feuilles à leur base (*fig.* 43) : dans l'espace de 5 jours il commence à se former des racines et des bourgeons, et les racines apparaissent non seulement à la base, mais sur tous les nœuds

(1 à 4, *fig.* 43) à l'exception toutefois des nœuds placés le plus
haut ; de même les bourgeons commencent à se former non
seulement sur le nœud le plus élevé (o), mais aussi sur ceux
qui sont placés au-dessous (1) : il n'y a guère là rien qui suggère
que la régénération dans la figure 43 ait un caractère polaire.

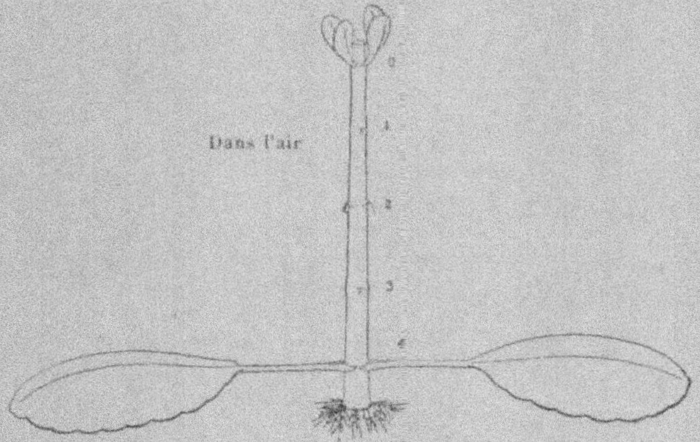

Fig. 45. — Même tige que dans les deux figures précédentes, le 7 novembre. A la base, les racines se sont beaucoup développées et ont
arrêté tout accroissement des racines placées aux nœuds 1, 2, 3 et 4.
Ces dernières racines se sont flétries et vont tomber. La tige ne
porte plus qu'une paire de bourgeons au sommet, et des racines
seulement à la base : ainsi se trouve réalisée la polarité de la régénération qui n'apparaissait nullement au début du phénomène.

Six jours plus tard (*fig.* 44), les bourgeons placés le plus au sommet se sont développés beaucoup plus rapidement que ceux
qui sont au-dessous et dont la croissance se trouve complètement arrêtée ; d'autre part, il commence à se former des racines
à l'extrémité inférieure de la tige ; elles y croissent plus rapidement et en plus grand nombre qu'en d'autres points et par là
arrêtent tout développement ultérieur des autres racines, de
celles par exemple des nœuds 1, 2, 3, 4 ; ces dernières se flétrissent

rapidement et tombent. On se rend compte, en examinant la figure 45, du grand développement des racines à l'extrémité inférieure de la tige, de celui des bourgeons à sa partie supérieure et l'on peut voir les racines flétries des nœuds supérieurs. Quelques jours plus tard, il serait difficile de trouver encore trace de ces

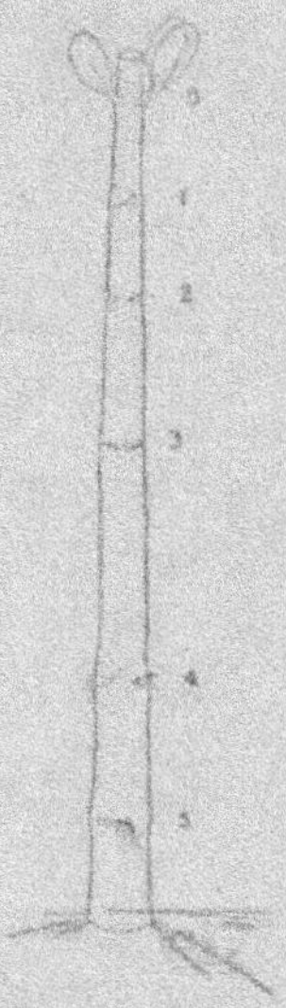

Fig. 46. — Dans la tige figurée dont la base est immergée, des racines se sont d'abord formées du 16 au 28 octobre aux nœuds 1, 2, 3, 4 et 5, mais elles se sont flétries après avoir cessé de croître lorsque des racines ont commencé à se développer à la base de la tige.

dernières racines; on voit que le caractère polaire de la régénération apparaît donc en fin de compte comme un phénomène secondaire.

Sur une tige complètement dépouillée de feuilles, le caractère polaire de la régénération se trouve moins prononcé au début. La figure 46 fait voir l'aspect d'une tige privée de feuilles au bout de 13 jours; pour y rendre la régénération plus rapide, on en a immergé la base dans l'eau; il se forme d'abord des racines sur les nœuds 2, 3, 4 et 5; peu de temps après, il apparaît des racines à l'extrémité inférieure plongée dans l'eau, et aussitôt les racines des nœuds supérieurs commencent à se flétrir; le dessin a été

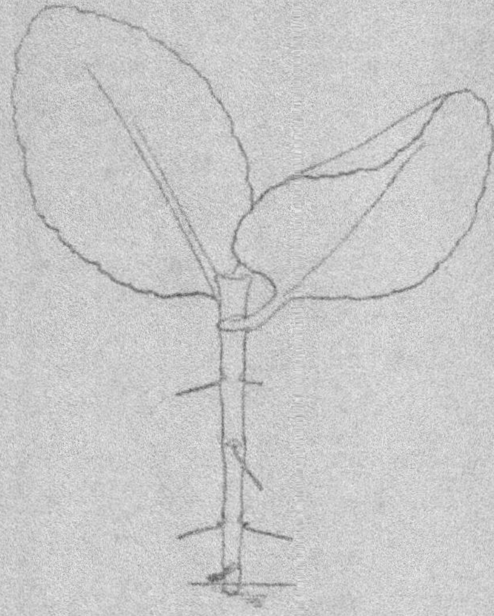

Fig. 17. — Cette figure montre que, dans une tige suspendue verticalement, la polarité de la régénération est indépendante de la pesanteur; la tige représentée a été placée verticalement, mais en position renversée : la partie supérieure plonge dans l'eau; il commence à apparaître des bourgeons sur les trois nœuds supérieurs (placés par conséquent au-dessous) et des racines sur les nœuds intermédiaires entre le nœud supérieur et celui de base. (Expérience du 4 au 17 mars 1919.)

fait à ce moment (13e jour). Plus tard ces racines desséchées tombent. Il se forme des bourgeons non seulement au nœud le plus élevé (o), mais aussi au premier nœud au-dessous; la croissance plus rapide des premiers arrête la croissance des autres.

Les phénomènes qu'on vient de décrire ne sont pas exceptionnels; ils sont réguliers. Le caractère polaire de la régénération n'apparaît pas dès le début, c'est un phénomène secondaire qui

semble s'expliquer de la manière suivante : il y a ordinairement
assez de sève présente dans un fragment de tige au début de
l'opération pour permettre l'apparition de racines sur beaucoup
de nœuds, et en même temps celle de bourgeons sur d'autres
nœuds que le plus élevé ; il se réunit d'ailleurs plus de sève

Fig. 48. — Même tige que dans la figure précédente, mais 10 jours plus
tard ; les racines se sont formées à la base (en haut) et les bourgeons
en bas, exactement aux mêmes points que si la tige avait été
suspendue dans sa position normale.

aux deux extrémités de la tige que dans la région intermédiaire
et il en résulte une légère accélération du développement des
racines à la base et des bourgeons au sommet. Secondairement
cette formation détermine un afflux vigoureux de la sève de
toute la tige en ces deux régions, ce qui arrête le développement dans les nœuds intermédiaires : les organes qui avaient
commencé à se former en ces points arrêtent alors de croître et
se flétrissent.

On est tout naturellement conduit à se demander dans quelle mesure la pesanteur détermine ce résultat : dans les figures 43 à 45, les tiges se trouvaient placées verticalement en position normale ; or, on a observé qu'on obtient le même résultat lorsque les tiges sont suspendues dans l'air humide, verticalement encore, mais le sommet en bas. Les figures 47 et 48 montrent les résultats

Fig. 49. — Tige tout entière immergée à l'exception de son extrémité supérieure ; les racines subsistent ici sur tous les nœuds ; la polarité a donc disparu, en ce qui concerne leur formation. (Expérience du 12 octobre au 4 janvier 1921.)

obtenus dans cette expérience ; on a fait plonger dans l'eau l'extrémité supérieure de la tige, mais cela n'est pas nécessaire. La figure 47 représente l'état des choses au bout de 8 jours ; il s'est formé des racines sur trois nœuds et les trois nœuds les plus voisins du pôle supérieur ont commencé à former des bourgeons. On voit dans la figure 48 que, 10 jours plus tard, il n'y a plus que les bourgeons de la partie la plus voisine du sommet de la tige qui ont continué à croître, déterminant l'arrêt de ceux qui avaient commencé à se former sur les autres nœuds. Les racines ont à ce même moment commencé à croître à l'autre extrémité et toutes les autres se sont flétries. Tout s'est passé dans des tiges

renversées, comme celles des figures 47 et 48, de la même manière
que si elles avaient été mises en position normale (*fig.* 43 à 45) ;
on voit donc que la pesanteur n'a que peu ou pas d'influence
sur le caractère polaire de la régénération d'une tige de *Bryophyllum calycinum* mise verticalement ; nous verrons plus loin

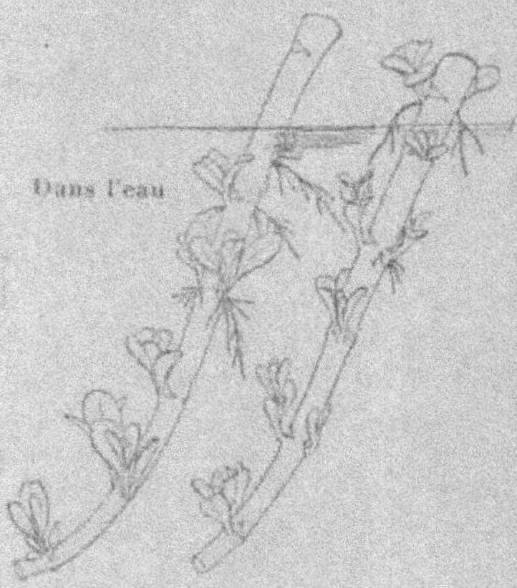

Fig. 50. — Segments de tiges plongés dans l'eau, le sommet en bas :
tous les nœuds peuvent donner naissance à des bourgeons ; la polarité disparaît. (Expérience du 7 au 30 octobre 1919.)

qu'il n'en est pas de même lorsque la tige est suspendue en
position horizontale.

Le caractère polaire de la régénération peut être masqué
lorsque la tige plonge en partie dans l'eau ; il est dans ce cas
nécessaire que l'une des deux extrémités de la tige soit dans
l'air, faute de quoi la régénération paraît ne pas se produire du
tout. Lorsqu'on plonge dans l'eau une tige complètement privée
de ses feuilles (l'extrémité supérieure seule émergeant), des
racines se forment sur tous les nœuds et elles ne se flétrissent
pas en raison de l'eau dont elles disposent (*fig.* 49) : dans ces
conditions, il ne se forme de bourgeons qu'au sommet ; si l'on
met toute la tige dans l'eau à l'exception de l'extrémité basale,

il peut se former des bourgeons sur tous les nœuds (*fig.* 50), surtout si la tige est vieille.

Une tige suspendue dans l'air humide et mise dans la même position ne forme de bourgeons qu'à l'extrémité supérieure (*fig.* 51). Il est évident que la quantité d'eau limitée dont dispose

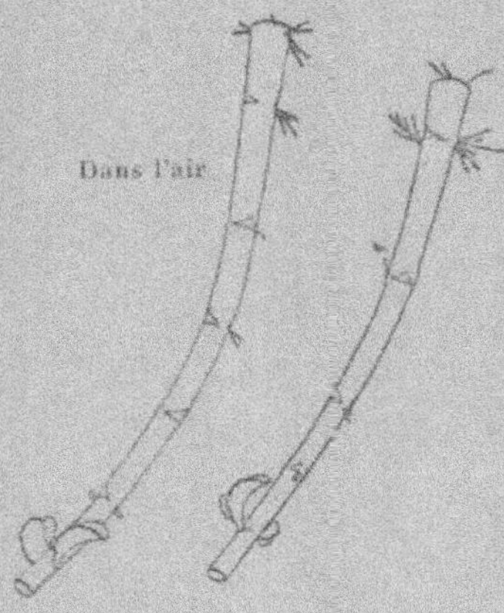

Fig. 51. — Tiges suspendues dans l'air en même temps que les précédentes : elles ne forment de bourgeons qu'à leur extrémité supérieure (placée ici en bas). (Expérience du 7 au 30 octobre 1919.)

une tige suspendue dans l'air humide (même si elle plonge dans l'eau par une extrémité) est un des facteurs qui contribuent à donner à la régénération dans la tige son caractère polaire; en effet, lorsque cette tige est immergée dans l'eau, la formation de racines et de bourgeons n'est plus confinée à ses deux extrémités.

On peut noter incidemment que lorsque les feuilles se forment sur une tige plongée dans l'eau, le rapport de leur largeur à leur longueur est plus petit que lorsqu'elles se développent dans l'air.

CHAPITRE IX.

INFLUENCE DE LA FEUILLE SUR LA RÉGÉNÉRATION DANS LA TIGE.

Tout phénomène de régénération n'a pas forcément le caractère polaire : la guérison d'une blessure n'est pas un phénomène polaire, pas plus que la formation de racines et de bourgeons sur une feuille détachée de *Bryophyllum*. La distribution finale de ces organes sur un segment de tige de *Bryophyllum* privé de ses feuilles et suspendu verticalement en position normale dans l'air humide fournit cependant un exemple bien net d'une forme polaire de régénération. Nous allons nous proposer dans cette deuxième Partie du Livre de chercher jusqu'à quel point la loi des masses peut nous aider à élucider les causes du caractère polaire de la régénération d'une tige de *Bryophyllum*.

Il n'est guère douteux que ce qui détermine la formation de racines à l'extrémité basale d'un fragment de tige privé de ses feuilles, et celle de bourgeons à l'extrémité opposée, c'est le mouvement respectivement descendant et ascendant de la sève, puisque la quantité de bourgeons et de racines qui se forment croît avec la masse du fragment de tige, pourvu que cette tige soit exposée à la lumière.

On pourrait se demander maintenant d'où vient la différence dans l'action de la sève qui monte ou qui descend ; l'auteur ne voit ici que deux hypothèses plausibles à formuler *a priori* : le caractère polaire de la régénération dans la tige est dû, soit à une différence chimique entre la sève qui monte et celle qui descend, soit à ce que les racines et les bourgeons ne tirent pas leur origine du même type de cellules ou de tissus, les cellules ou le tissu qui contribuent à la formation de racines étant alors exclusivement ou d'une manière prépondérante sous l'influence de la sève descendante, et les tissus formateurs de bourgeons (à raison de deux points à chaque nœud) ayant une semblable relation avec la sève ascendante. Quelle est de ces hypothèses celle qui expliquera le caractère polaire de la régénération dans une tige de *Bryophyllum* du point de vue de la loi d'action de masses ?

Il est absolument certain que la sève ascendante et la sève descendante d'une plante qui croît normalement dans le sol sont chimiquement différentes ; les racines extraient l'azote du sol sous forme d'ammoniaque ou de nitrate de potassium et cette dernière substance passe à l'état de nitrite dans la racine ou dans la tige. Schimper a constaté que l'on trouve des nitrites dans les feuilles d'une plante tenue à l'obscurité et que ces sels disparaissent à la lumière pourvu que la feuille contienne de la chlorophylle normale, qu'elle ne soit pas étiolée. Baudisch ([1]) a montré qu'en exposant à la lumière ultraviolette une solution aqueuse de nitrite de potassium et d'alcool méthylique, il se forme de l'acide formhydroxamique. Baly, Heilbron et Hudson ([2]) ont vu d'autre part que des solutions de nitrite ou de nitrate qui contiennent de l'aldéhyde formique donnent également à la lumière de ce même acide ; il se peut qu'à partir de cet acide formhydroxamique, il se fasse des acides aminés ainsi que le supposent Baudisch d'une part, Baly, Heilbron et Hudson de l'autre. La sève ascendante transporte donc des nitrites, la sève descendante d'autre part doit transporter les sucres formés à partir du gaz carbonique dans les feuilles chargées de chlorophylle, ces sucres étant nécessaires à la synthèse des matériaux de la racine. Entre la sève ascendante et la sève

---

([1]) O. BAUDISCH, *Ber. d. d. chem. Ges.*, 1911, t. 44, p. 1069.

([2]) E.-C. BALY, I.-M. HEILBRON et D.-P. HUDSON, *Trans. Chem. Soc.*, 1922, t. 121, p. 1078.

descendante d'une plante normale exposée à la lumière, il y a donc une différence indiscutable de nature chimique. Ce qui est en question, c'est que cette différence ou d'autres qui peuvent exister (différence de pH par exemple) puissent être la cause du caractère polaire de la régénération dans la tige ou que cette polarité soit indépendante de différences de cet ordre. Pour résoudre cette question, il est nécessaire d'étudier l'influence de la feuille sur le caractère polaire de la régénération, puisque la sève de la feuille contient toutes les substances spécifiques ou non qui sont nécessaires à la croissance des racines et des bourgeons à la fois.

Ce n'est pas une hypothèse arbitraire, mais un fait bien démontré, que chaque cran d'une feuille détachée peut donner naissance tout en même temps à des racines et à des bourgeons et que la masse d'organes ainsi formés varie en proportion de la masse de la feuille; il en résulte sans aucun doute possible que le même suc de tissus peut donner naissance à des organes entièrement différents et que la raison de la différence envisagée doit tenir à une constitution chimique ou physique différente des cellules d'où naissent ces divers organes. On verra dans le présent Chapitre que les racines et les bourgeons qui se produisent sur un petit fragment isolé de tige portant une ou plusieurs feuilles sont formés presque entièrement grâce aux sucs tirés de la feuille. Si l'on se proposait d'expliquer le caractère polaire de la régénération dans ce cas en admettant une différence chimique entre les sucs que la feuille envoie vers les deux extrémités opposées de la tige, il serait nécessaire d'expliquer de quelle manière la sève sortant de la feuille pourrait se séparer en deux masses chimiquement distinctes, l'une destinée à monter et l'autre à descendre dans la tige; l'auteur n'est pas certain qu'une telle hypothèse puisse être admise en prenant pour base ce que nous savons actuellement.

On a détaché de minces tiges à 5 nœuds (numérotés de o à 4) de plantes qui n'avaient pas tout à fait un an, on en a supprimé toutes les feuilles, sauf celles de la troisième paire (*fig.* 52); on a divisé ces tiges en long entre les deux feuilles, et on a laissé l'une d'elles adhérente à la demi-tige (I, *fig.* 52) tandis que l'autre a été détachée et suspendue, la pointe en bas plongeant dans l'eau (III, *fig.* 52); on a aussi plongé dans l'eau par leur base les deux demi-tiges (I et II). La demi-tige I qui porte une feuille au nœud n° 2 a développé à son sommet des bourgeons

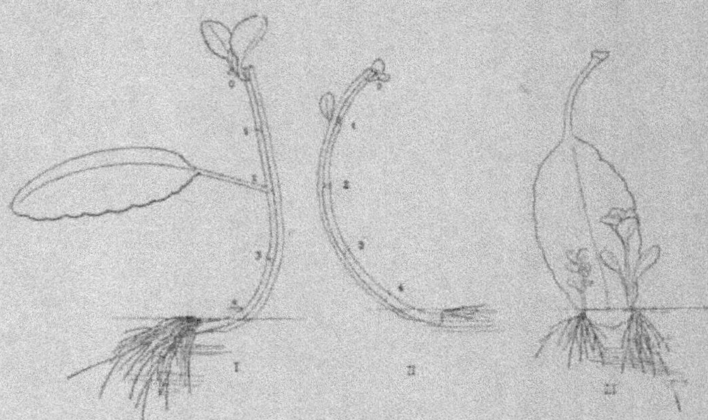

Fig. 52. — Tige portant 5 nœuds et une paire de feuilles en son milieu (nœud 2) : elle a été fendue en long; la moitié gauche (I) qui porte une des feuilles donne à sa base de fortes racines et des bourgeons à son sommet, l'autre demi-segment (II) dont on a enlevé la feuille forme des bourgeons plus petits et des racines de taille réduite; la feuille (III) détachée de (II) donne naissance à des bourgeons près de son sommet; les extrémités inférieures des tiges et la pointe de la feuille (III) plongent dans l'eau. (Expérience du 18 octobre au 9 novembre 1923.)

plus grands que la demi-tige défeuillée II; la différence dans la formation de racines était de même sens et un peu plus grande. L'expérience a duré du 18 octobre au 20 novembre; dans ce temps 6 demi-tiges dépourvues d feuilles (II, *fig.* 52) ont fourni 28^{mg} de bourgeons (poids sec), les 6 autres demi-tiges, qui portaient une feuille chacune, en ont fourni pour leur part, dans le même temps et dans les mêmes conditions, 237^{mg}; sur cette quantité, il y avait donc à peu près 209^{mg} de matière sèche qui étaient fournis par les feuilles. Les 6 feuilles correspondantes détachées (III, *fig.* 52) ont produit pour leur part 292^{mg} de bourgeons; ainsi plus des deux tiers de la matière utilisable dans la feuille pour former des bourgeons ont été employés au développement du bourgeon du sommet de la tige. Les 6 feuilles détachées ont produit d'autre part 102^{mg} de racines (poids sec) contre 136^{mg} produits par les 6 demi-tiges portant des feuilles; la quantité totale d'organes régénérés dans les tiges était donc de 373^{mg} et la quantité correspondante pour les feuilles détachées était de 394^{mg}. Il en résulte que la régénération dans les tiges est surtout due aux sucs que fournissent les feuilles. Lorsque les feuilles sont en relation avec la tige, elles ne produisent elles-mêmes ni racines ni bourgeons.

Les demi-segments de tige sans feuille n'ont pas encore, dans cette expérience, commencé à produire de racines; il est bon de se servir de ce fait pour noter que l'influence de la feuille sur la formation de racines par la tige ne peut être attribuée surtout à l'eau que la feuille cède à la tige; en effet toutes les tiges avec ou sans feuille ont, dans cette expérience, leur extrémité basale dans l'eau; les tiges sans feuille ont donc toute l'eau qui leur est nécessaire pour produire des racines à leur base et cela n'empêche pas que la formation de racines y soit retardée et limitée par rapport à celle qui se produit dans une tige portant une feuille; celle-ci fournit donc pour la production de racines quelque chose de plus que l'eau; le même raisonnement s'applique à l'influence de la feuille sur la formation de bourgeons sur la tige, car la tige plongeant dans l'eau peut absorber toute celle qui serait nécessaire pour produire ces organes; le Tableau XVI ci-dessous fait connaître l'ensemble des résultats de l'expérience.

TABLEAU XVI.

	Poids sec		Poids sec régénéré	
	du feuilles.	de tiges.	en bourgeons.	en racines.
	g	g	g	g
I. 6 demi-tiges avec feuilles.	1,993	1,889	0,237	0,136
II. 6 demi-tiges sans feuilles.		1,836	0,0028	
III. 6 feuilles détachées......	2,005		0,292	0,102

La figure 52 fait voir incidemment que, dans ce cas, les feuilles restées en relation avec une demi-tige ne produisent ni racines ni bourgeons; c'est une confirmation de ce qu'on a affirmé au Chapitre précédent, c'est-à-dire que si un fragment de tige portant une feuille est assez grand et si la feuille se trouve dans l'air, la formation de bourgeons ou de racines dans la feuille se trouve en général complètement supprimée ; c'est ce qui arrive comme le montrent un très grand nombre d'expériences dont on trouvera la description dans la suite de ce Livre, toutes les fois que sont réalisées les conditions qu'on vient d'indiquer.

Dans l'expérience précédente, la régénération des racines était tout entière attribuable à la matière tirée de la feuille par la tige et plus des deux tiers de la matière sèche des bourgeons formés sur la même tige étaient également dus au suc fourni par la feuille; cependant le caractère de la régénération dans la tige était aussi nettement polaire que dans la tige entièrement privée de feuilles dont on a parlé au Chapitre précédent.

On pouvait prévoir que la quantité d'organes régénérés dans un segment isolé de tige devrait varier avec la masse de feuilles qu'il porte : prenons 8 tiges portant chacune 5 nœuds et enlevons-en toutes les feuilles, sauf celles de la troisième paire, puis divisons ces tiges dans le sens de la longueur comme on l'a fait précédemment ; on laisse intacte une des deux feuilles ainsi séparées attachée à sa demi-tige tandis qu'on réduit l'autre en en enlevant à peu près les deux tiers, puis on suspend les tiges de manière que leur base plonge dans l'eau. On voit sur la figure 53 que les demi-tiges qui portent des feuilles réduites ne donnent naissance qu'à une masse corrélativement réduite de bourgeons terminaux et de racines; les chiffres qui représentent les résultats de cette expérience sont donnés par le Tableau XVII.

TABLEAU XVII.

	Poids sec		Poids sec regénéré	
	de feuilles.	de tiges.	en bourgeons.	en racines.
I. 8 demi-tiges à feuilles entières....................	1,550	3,318	0,404	0,218
II. 8 demi-tiges à feuilles réduites....................	1,273	3,503	0,201	0,046

Si l'on tient compte du fait qu'une partie de la matière cédée

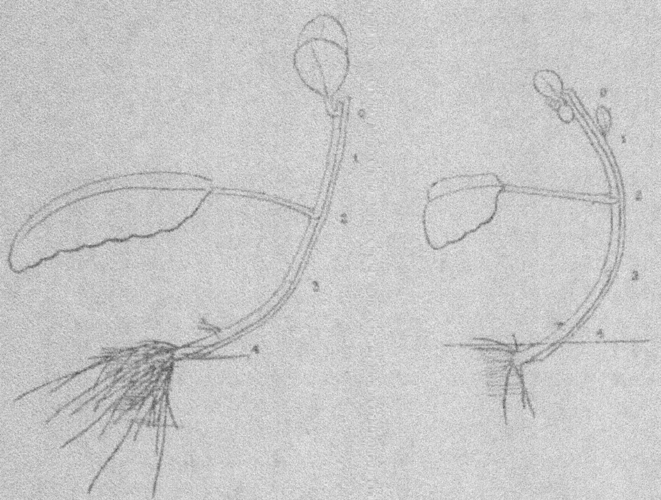

Fig. 53. — Tige fendue en long dont chaque moitié porte une feuille en son milieu ; à gauche la feuille est entière, à droite elle est réduite de plus de moitié ; la production de racines et de bourgeons dans les deux parties de la tige croît avec la masse de la feuille.

par la feuille à la tige est employée à la croissance de celle-ci (*voir* Chapitre VI), la masse de bourgeons produite sur une tige varie à peu près comme la masse de la feuille.

Dans ces expériences, la base de la tige était immergée dans l'eau et l'on pouvait prétendre que les substances prises à l'eau par la tige et transportées par la sève ascendante pouvaient introduire une erreur dans le résultat; pour cette raison, on a répété les mêmes expériences avec des tiges qui se trouvaient entièrement suspendues dans l'air humide; leur résultat fut au total le même que celui des précédentes.

CHAPITRE X.

INFLUENCE DE LA PESANTEUR SUR LA POLARITÉ
DE LA RÉGÉNÉRATION DANS UNE TIGE DE « BRYOPHYLLUM ».

1. *Remarques préliminaires.* — Pour décider entre les deux hypothèses qui pourraient expliquer le caractère polaire de la régénération dans la tige, on peut se servir de la pesanteur. On a fait remarquer, dans un Chapitre précédent, qu'il y avait lieu d'établir une distinction entre la sève qui, dans une plante, coule dans des vaisseaux réguliers et le suc des tissus qui remplit les lacunes de ces tissus; ce dernier liquide peut subir l'influence de la pesanteur si les lacunes des tissus sont de dimensions suffisantes; la sève des vaisseaux ne peut au contraire en aucune façon ou seulement d'une manière tout à fait négligeable obéir à l'influence de la pesanteur. Nous verrons un peu plus loin dans ce Chapitre une confirmation de cette distinction. Le fait que le suc des tissus subit l'action de la pesanteur nous donne un moyen de reconnaître si le caractère polaire de la régénération dans la tige dépend de quelque différence chimique entre les sèves ascendante et descendante ou s'il est dû à une différence dans la nature des tissus que ces deux sortes de liquides rencontrent en cheminant dans la plante, la sève ascendante ren-

contrant tout d'abord les points de formation des bourgeons et
la sève descendante trouvant d'abord sur sa route les tissus d'où
naissent les racines. Nous verrons que, dans une tige suspendue
horizontalement, la sève qui descend d'une feuille se rassemble
du côté le plus bas de cette tige où il provoque la formation
de racines, formation d'autant plus abondante que la masse

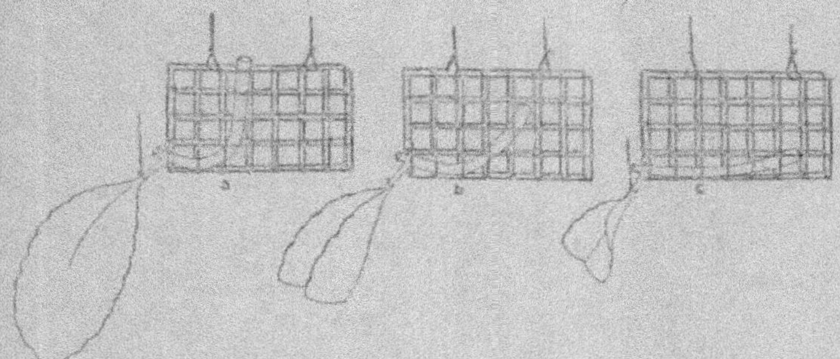

Fig. 54. — Influence de la masse d'une feuille sur la vitesse de courbure de
la tige. En *a*, la feuille est entière; en *b*, elle est réduite de moitié, et en *c*,
au quart environ, la courbure de la tige est plus petite en *b* qu'en *a* et plus
petite encore en *c*. (Expérience du 27 avril au 8 mai.)

de la feuille au sommet de la tige est plus grande. Or, si le caractère polaire de la régénération dans la tige était attribuable à
une différence chimique entre la sève qui monte et celle qui
descend d'une feuille, il n'y aurait pas ainsi formation de racines
sur le côté inférieur de la tige qui posséderait une feuille à sa
base; nous verrons cependant qu'une feuille ainsi placée provoque aussi une formation de racines sur le côté inférieur de
cette tige placée horizontalement, et que cette formation est
uniquement sous l'influence de cette feuille basale. Cela ne laisse
que très peu de doute qu'une feuille ne détermine pas, dans
la tige de *Bryophyllum* placée verticalement, une régénération
de caractère polaire grâce à quelque différence de constitution
chimique entre la sève ascendante et celle qui descend de cette
feuille, mais bien parce que la sève descendante rencontre

tout d'abord dans une tige ainsi suspendue verticalement le tissu qui peut donner naissance à des racines, tandis que la sève ascendante rencontre au contraire tout d'abord le tissu qui peut donner naissance à des bourgeons.

Avant d'entrer dans les détails de ces expériences, il serait nécessaire de faire connaître un autre effet de la pesanteur, la courbure géotropique des tiges de *Bryophyllum* placées horizontalement. Des tiges d'abord droites, ainsi disposées et maintenues dans l'air humide, subissent bientôt une courbure qui rend convexe leur côté inférieur et concave leur côté supérieur (*fig.* 54, *a*). La grandeur de cette courbure croît avec la masse de la feuille; pour le montrer, il est avantageux de présenter quelques remarques sur le mécanisme de la courbure et sur la méthode d'étude du phénomène.

2. *Influence de la feuille sur la courbure géotropique de la tige.* — Dans les expériences faites sur ce sujet, il est nécessaire de se souvenir que la courbure géotropique d'une tige résulte de l'action de deux causes opposées. L'une est, comme nous le verrons, l'excès d'accroissement longitudinal du tissu cortical sur le côté inférieur de la tige placée horizontalement par rapport à la croissance du reste de cette tige; à la force qui en résulte s'oppose la rigidité des autres couches de la tige, en particulier du bois; s'il se trouve que le bois est trop peu flexible, la tige ne se courbe pas. L'influence qu'exercent des feuilles de masse égale sur la courbure géotropique de tiges au sommet desquelles elles sont respectivement attachées ne peut être égale qu'au cas où la rigidité du bois est identique dans les deux tiges, condition qui ne peut être que rarement réalisée. C'est pour cela qu'une recherche quantitative de cette sorte ne peut être que statistique; mais on se propose ici de montrer seulement d'une manière semi-quantitative que la vitesse de la courbure géotropique d'une tige croît avec la masse d'une feuille placée au sommet de cette tige. Il est nécessaire de ne choisir pour une telle expérience que les parties terminales de tiges de jeunes plantes de façon que le bois y soit encore peu rigide; autrement la courbure serait faible ou nulle. La figure 54

montre le procédé expérimental employé. On choisit des tiges
à peu près également flexibles et on les prive de leurs feuilles,
sauf une seule au sommet ; on suspend ces tiges dans l'air humide
en passant un fil autour du pétiole de la feuille. Pour assurer
à la tige une position horizontale, on courbe en gouttière un
réseau de fils et on la fait reposer sur le fond de cette gouttière

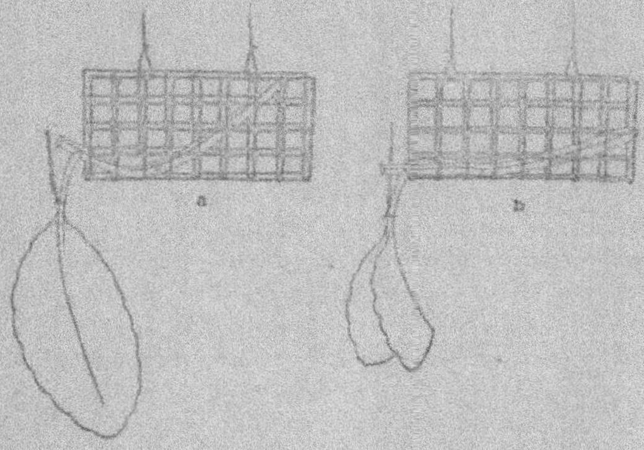

Fig. 55. — Tige fendue en long dont une moitié possède au sommet
une feuille entière et l'autre une feuille réduite de moitié ; la courbure de la tige est plus grande en *a* où la feuille est entière. (Expérience du 8 mai au 11 mai.)

(*fig.* 54) ; les mailles du réseau sont des carrés d'un demi-pouce
de côté et leur forme rend aisé de suivre et de mesurer de jour
en jour les variations de la courbure géotropique. On a trouvé
que, sous certaines conditions, la courbure croît avec la masse
de la feuille comme cela se trouve indiqué dans la figure 54. On
avait choisi 3 tiges (*a, b, c*) présentant chacune une feuille à
leur sommet ; on a enlevé une partie des feuilles en *b* et en *c*,
de telle sorte que les masses restantes des trois feuilles *a, b, c*
soient à peu près dans le rapport $1 : \frac{1}{2} : \frac{1}{4}$. Le dessin représenté a
été fait le 11e jour de l'expérience. On y voit que la courbure
géotropique dans les trois tiges croît avec la masse de la feuille

qui reste au sommet ; elle est le plus petite à droite et le

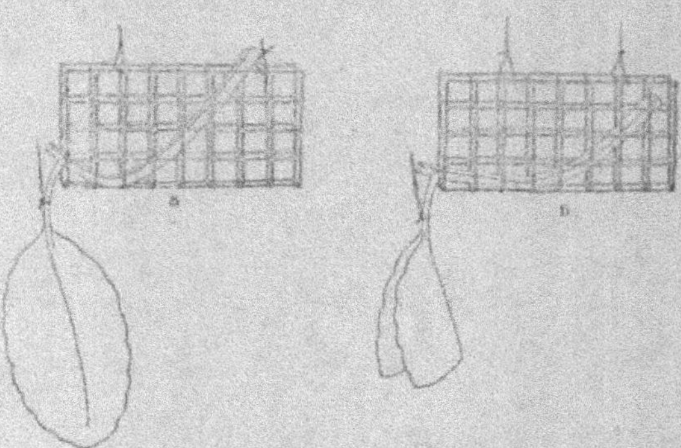

Fig. 56. — Même échantillon que dans la figure 55, un jour plus tard :
la vitesse de courbure de la tige croît avec la masse de la feuille.

plus grande à gauche. Lorsque la tige ne porte pas de feuilles,
la courbure ne se fait qu'avec une grande lenteur.

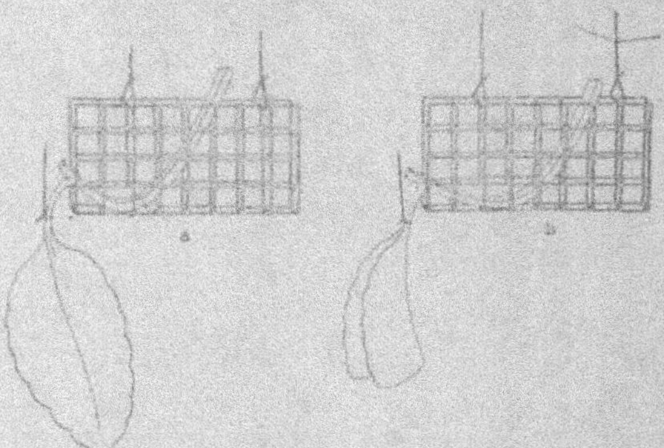

Fig. 57. — Même échantillon que dans les deux figures précédentes,
le 14 mai ; la courbure de la tige est presque aussi grande en *b* qu'en *a*.

Il a paru plus opportun de modifier l'expérience en comparant la vitesse avec laquelle se courbent les deux moitiés

d'une même tige fendue en long comme dans la figure 55 (*a* et *b*). On a donc divisé aussi exactement que possible une tige portant une paire de feuilles au sommet par un plan médian passant entre les deux feuilles, et l'on a suspendu chacune de ces

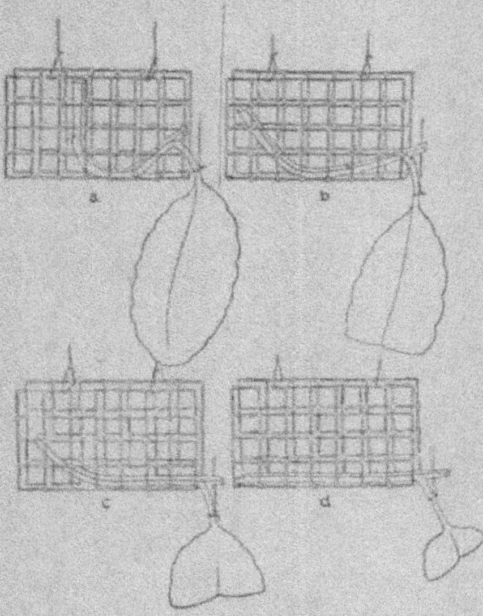

Fig. 58. — La courbure géotropique croît avec la masse de la feuille : *a* est un segment de tige portant une feuille entière; *b*, *c* et *d* portent des feuilles de plus en plus réduites. (Expérience du 8 mai au 10 septembre.)

moitiés de tige comme le montre la figure, la feuille en bas, comme dans l'expérience précédente; l'une des feuilles était intacte et l'autre réduite de moitié environ; on voit sur la figure 55 l'aspect des tiges courbées au bout de 3 jours; la courbure la plus forte correspond à la feuille la plus grande. La figure 56 montre la même courbure des deux tiges le lendemain et la figure 57 le 6ᵉ jour.

Cette expérience donne encore une idée de la rapidité avec

laquelle la courbure se produit à la température de la serre (24° environ).

Il peut être enfin intéressant de donner quelques indications de plus qui montrent que la vitesse avec laquelle se produit la courbure géotropique des deux demi-tiges portant une feuille attachée à leur sommet est à peu près proportionnelle à la masse de la feuille. Dans la figure 58, la courbure de trois demi-tiges por-

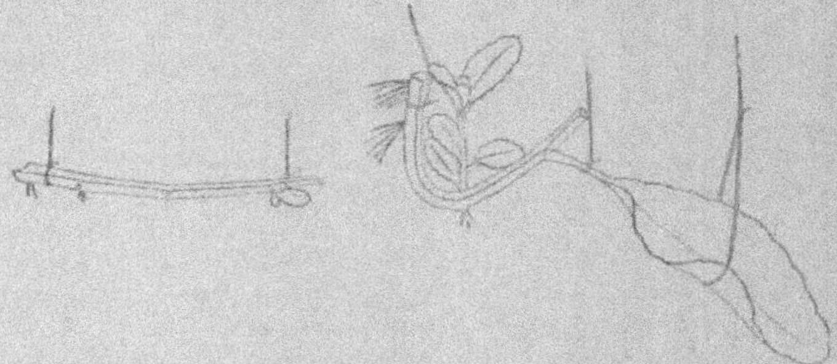

Fig. 59. — Tige fendue en long et dont les deux moitiés sont suspendues horizontalement ; l'une de ces moitiés est entièrement privée de feuilles, l'autre porte une feuille à son extrémité supérieure ; cette seconde moitié se courbe rapidement comme d'ordinaire ; l'autre ne se courbe qu'avec une grande lenteur. (Expérience du 10 avril au 23 mai.)

tant chacune une feuille entière se trouve comparée avec celle des trois demi-tiges correspondantes auxquelles on n'a laissé qu'un fragment de feuille ; les trois tiges à feuille entière ont pris une courbure qui est à peu près égale à celle de a par exemple, et c'est pourquoi cette dernière seule a été figurée : b, c et d se sont courbées à peu près en proportion de la masse de feuille qui leur était attachée.

Dans la figure 59 est figurée une tige divisée en long dont les deux moitiés sont suspendues horizontalement : l'une d'elles porte une feuille au sommet, l'autre n'en porte pas ; cette dernière se courbe beaucoup plus lentement en raison de la différence de quantité de matière utilisable pour la croissance dans ces deux demi-tiges ; on peut incidemment noter que la masse des bourgeons et des racines régénérés par la demi-tige qui porte une feuille est aussi beaucoup plus considérable que la masse correspondante pour la tige sans feuille. Les expériences indiquées ont duré du 10 avril au 23 mai.

Les expériences qui portent sur des tiges fendues donnent au total des résultats moins précis que celles que fournissent des tiges entières : non seulement on commet des erreurs inévitables en fendant les tiges, mais encore d'autres grandeurs variables peuvent altérer les résultats, par exemple le degré inégal de dessiccation du côté supérieur de la tige et l'inégalité qui en résulte dans la rigidité du bois.

Dans toutes les expériences qui ont été exposées jusqu'ici, la feuille que portait une tige était attachée à son sommet. Si la feuille au contraire occupait le bas d'un segment de tige, la courbure se produirait également, bien qu'avec une vitesse nettement moindre pour une feuille de même masse. Lorsque la feuille se trouve au milieu de la tige, la courbure affecte surtout la partie de base de celle-ci.

3. *Mécanisme de la courbure géotropique dans le « Bryophyllum calycinum ».* — Pour mettre en évidence le mécanisme de la courbure géotropique, on a employé encore des tiges divisées en long. Immédiatement après cette opération, on fait sur leur écorce des marques à l'encre de Chine espacées de 1^{cm} et l'on suspend ces demi-tiges horizontalement, l'écorce en bas pour l'une, en haut pour l'autre ; les expériences ont porté sur des tiges pourvues d'une feuille au sommet (*fig.* 60 et 61). Ce n'est que lorsque l'écorce se trouve du côté inférieur que la tige se courbe (mêmes figures). Au bout de 10 jours, lorsque les demi-tiges dont l'écorce est placée vers le bas se sont fortement courbées, on vérifie le déplacement des marques sur celles des demi-tiges dont l'écorce était tournée vers le haut (*fig.* 61) et qui, pratiquement, n'ont pas subi de courbure ; elles ne se sont pas espacées (Tableau XVIII) ; il en est de même des marques dans les régions non courbées des moitiés dont l'écorce était tournée vers le bas. Une croissance de 15 à 20 pour 100 de la longueur primitive s'est produite dans la région courbe convexe de ces

mêmes tiges. On trouvera, dans le Tableau XIX, les mesures
relatives à quatre tiges courbées.

La figure 62 est une photographie faite 9 jours après le
début de l'expérience de tiges *entières* portant des marques;

Fig. 60-61. — Tige fendue en long dont chaque moitié porte une feuille
au sommet; ces moitiés de tige sont suspendues horizontalement dans
l'air humide, l'une (*fig.* 60, placée ici au-dessus de l'autre) l'écorce
en bas, l'autre (*fig.* 61) l'écorce en haut; la première seule se courbe.

ces tiges avaient été suspendues horizontalement dans une
aquarium; elles portaient toutes une feuille au sommet. La
partie de l'écorce qui se trouvait au-dessous s'était allongée, la
partie au-dessus s'était raccourcie. Les marques faites à l'encre
de Chine au début de l'expérience étaient à ce moment
distantes de 1^{cm} les unes des autres. La figure montre comment

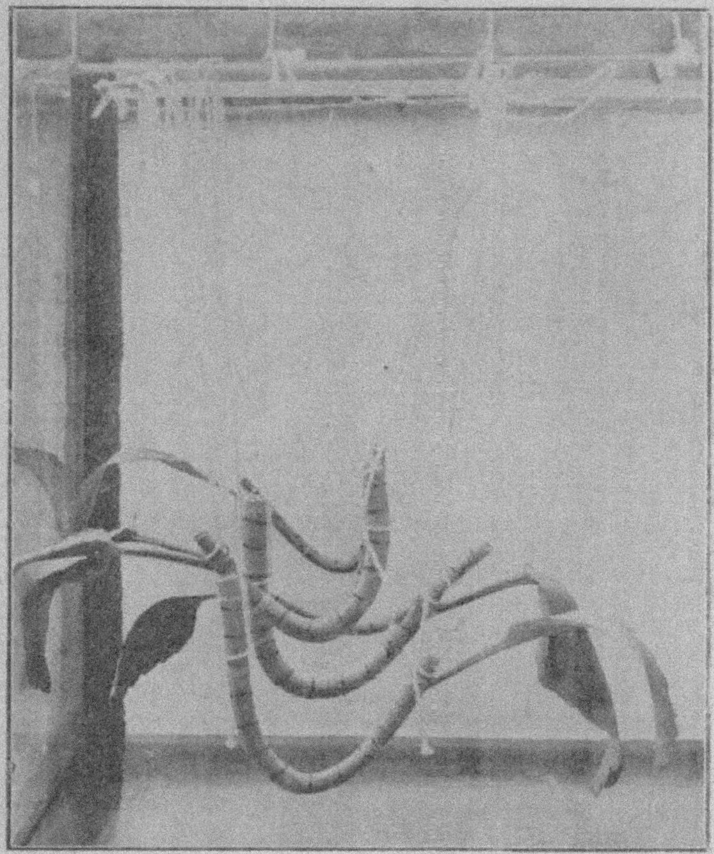

Fig. 62. — Tiges suspendues horizontalement et courbées. Des marques faites à l'encre de Chine montrent que, dans la région courbée, le côté inférieur de l'écorce croît en longueur, mais non le côté supérieur. (Expérience du 3 au 13 juin.)

elles ont changé de place sur le côté convexe de la région courbée de la tige.

TABLEAU XVIII.

*Longueur en centimètres de quatre tiges fendues,
placées horizontalement, l'écorce en haut.*

	Au début de l'expérience (20 juin).	À la fin de l'expérience (1er juillet).
I.	9,0	9,0
II.	14,0	10,8
III.	10,0	10,0
IV.	14,0	13,8

Il est très probable, sinon certain, que l'accroissement en longueur du côté inférieur placé horizontalement se fait tout d'abord dans l'écorce de la région courbe et non dans le bois. Ceci résulte de la manière dont se comportent deux parties de la tige lorsqu'on enlève l'écorce de la tige courbée (entière ou divisée en long) et que l'on compare la rigidité de l'écorce avec celle du bois pris séparément.

Si nous enlevons l'écorce à la partie inférieure (convexe) d'une tige fendue courbée géotropiquement comme dans la figure 60, nous trouvons que la rigidité de l'écorce de la région courbe est beaucoup plus grande que celle du bois. Dans cette région, celui-ci paraît flexible relativement à l'écorce prise du côté convexe. Il est encore possible que l'accroissement de rigidité de l'écorce dans cette région soit due à son épaississement; c'est un point qui demande une étude ultérieure.

TABLEAU XIX.

*Longueur de tiges fendues mises horizontalement,
l'écorce vers le bas.*

Région de la tige que l'on mesure.	Série I.		Série II.		Série III.		Série IV.	
	Au début de l'expérience.	À la fin de l'expérience.	Au début de l'expérience.	À la fin de l'expérience.	Au début de l'expérience.	À la fin de l'expérience.	Au début de l'expérience.	À la fin de l'expérience.
	cm	cm	cm	cm	cm	cm	cm	cm
Partie au sommet non courbée...	3,0	3,2	3,0	3,0	4,0	4,0	4,0	4,1
Partie centrale courbée.......	4,0	4,9	4,0	5,7	6,0	7,0	4,0	4.85
Partie à la base non courbée...	2,0	2,0	3,0	3,0	5,0	5,0	4,0	4.15

4. *Influence de la lumière.* — Dans des tiges qui portent
au sommet une feuille de grandes dimensions, la courbure géotropique se produit encore dans l'obscurité, quoique moins
vite qu'à la lumière : dans ce cas, c'est la matière préalablement
formée et emmagasinée dans la feuille qui peut être employée à
produire assez rapidement une courbure géotropique. En raison
du fait que la lumière joue un rôle moindre en ce qui concerne la courbure géotropique de la tige que, par rapport à la
régénération des bourgeons et des racines, on pourrait supposer
que la courbure n'est due qu'à un excès d'eau du côté inférieur
de la tige. Pour contrôler cette idée par l'expérience, on s'est
servi de tiges plongeant en partie dans l'eau; on a trouvé
que lorsque la partie adhérente de la tige est entièrement immergée (*fig.* 63), la courbure se produit cependant bien qu'elle puisse
être moins prononcée. Ceci donne à penser que la courbure est
due aux substances dissoutes et non exclusivement à l'eau de
la sève que la feuille placée au sommet cède au tronc.

La courbure géotropique de la tige de *Bryophyllum calycinum* horizontalement placée s'explique de la façon suivante.
Cette courbure est déterminée par l'excès de l'accroissement

longitudinal des couches corticales du côté inférieur de la tige, et cet excès est d'autant plus grand qu'est plus grande la masse de la feuille au sommet attachée à la tige; la courbure géotropique semble donc être un phénomène qui dépend de la quantité de matière cédée par la feuille à la tige ou formée dans la tige même.

Fig. 63. — La courbure géotropique se produit encore lorsque les tiges sont immergées, mais elle paraît moins accentuée.

Le fait que la matière cédée par une feuille placée au sommet de la tige se rassemble en plus grande quantité du côté inférieur si cette tige est suspendue horizontalement, s'explique en admettant que sous l'influence de la pesanteur le suc des tissus se rassemble dans la partie la plus basse de la tige.

Il est à peine besoin de dire que cette explication a surtout pour but de rendre compte des observations sur la courbure géotropique d'une tige de *Bryophyllum*; il serait difficile d'expliquer le géotropisme positif en prenant pour base nos connaissances actuelles.

CHAPITRE XI.

INFLUENCE DE LA PESANTEUR SUR LA POLARITÉ
DE LA RÉGÉNÉRATION DANS UNE TIGE DE « BRYOPHYLLUM » (*suite*).

Lorsque l'on suspend horizontalement dans l'air humide une tige entièrement privée de feuilles, la régénération garde son caractère polaire en ce qui concerne tout au moins la formation des bourgeons; ceux-ci continuent à se développer au sommet de la tige; mais il n'en est pas de même en ce qui concerne la formation de racines dont le caractère polaire se trouve modifié et d'une manière plus frappante lorsque l'on n'enlève pas toutes les feuilles. Les racines continuent bien, il est vrai, à apparaître à l'extrémité inférieure de la tige et cela même lorsque la tige est placée horizontalement; mais, et c'est ainsi que la régénération se trouve modifiée, en sus de ces racines terminales, il en apparaît d'autres tout le long du côté de la tige placée le plus bas; ceci est dû à une accumulation du suc des tissus de ce côté sous l'influence de la pesanteur. Cette action de la pesanteur dans le cas d'une tige placée horizontalement s'explique, si l'on admet comme on l'a fait, qu'il y a deux chemins par lesquels la sève peut se déplacer dans la tige, le premier constitué par le système vasculaire et le second par les lacunes qui existent entre les cellules et les tissus; le courant de liquide dans le réseau vasculaire ne subit que peu ou pas l'influence de la pesanteur et les formes de régénération qui dépendent du liquide vasculaire ne sont que peu ou pas modifiées par la pesanteur. Ainsi nous constatons qu'il continue à se former en grande quantité des bourgeons au sommet de la tige et des racines à sa base extrême, même lorsque la tige est placée horizontalement.

Le liquide lacunaire au contraire obéit à la pesanteur et s'accumule du côté le plus bas de la tige où se forment des racines, mais non des bourgeons. A cet égard, une tige que l'on suspend ainsi horizontalement diffère d'une feuille suspendue également en position horizontale et qui formerait à la fois des racines et des bourgeons à son bord inférieur. Cette différence de l'influence de la pesanteur sur la régénération dans la

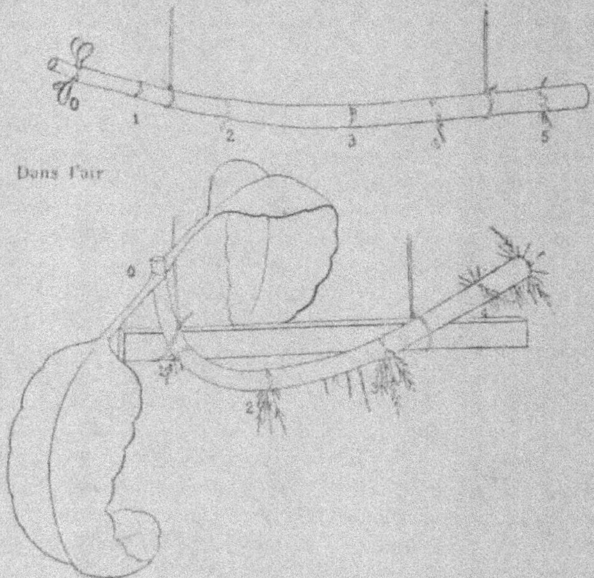

Fig. 64. — Tiges suspendues horizontalement : il se forme des racines à leur côté inférieur, mais il s'en produit bien davantage lorsque la tige porte des feuilles à son sommet. (Expérience du 18 novembre au 13 décembre 1923.)

feuille et dans la tige est un argument puissant en faveur de la théorie qui attribue la polarité aux tissus et contre la théorie des hormones. S'il est vrai que la sève descendante, facteur qui détermine la formation des racines à la base de la tige, doit cette influence à ce qu'elle rencontre tout d'abord le tissu qui donne naissance aux racines, nous pouvons prévoir que le suc des tissus se rassemblant du côté le plus bas d'une tige placée horizontalement devra donner naissance rien qu'à des racines et non à des bourgeons, et justement, c'est ce qui se trouve réalisé.

La figure 64 montre la régénération qui se produit dans des tiges que l'on suspend horizontalement dans l'air humide : la tige supérieure a été entièrement privée de ses feuilles; il s'y est formé des bourgeons au sommet, et des racines tant du côté le plus élevé que du côté inférieur du nœud le plus voisin de la base, le cinquième, mais il y en a davantage du côté inférieur. On peut aussi voir un petit nombre de racines du côté inférieur du quatrième nœud, mais il n'y en a aucune du côté supérieur; ce n'est là qu'une faible indication de l'influence de la pesanteur sur la croissance des racines. La courbure géotropique n'est qu'assez faible comme il arrive toujours avec des tiges entièrement privées de feuilles.

La partie inférieure de la figure 64 montre l'influence qu'exerce une paire de feuilles placées au sommet d'une tige suspendue horizontalement sur la formation des racines. Les deux tiges qui sont représentées l'une au-dessus de l'autre étaient placées dans le même aquarium et les deux expériences ont été faites simultanément (du 18 novembre au 13 décembre 1923). A l'extrémité basale et à son voisinage, la tige inférieure (celle qui a deux feuilles à son sommet) donne naissance à des racines aussi bien du côté supérieur que du côté inférieur. Au contraire, aux nœuds 1, 2 et 3 et dans l'entre-nœud placé entre 2 et 3, il se forme de nombreuses racines, rien que du côté inférieur. Afin d'éviter que la tige prenne une trop forte courbure et qu'elle s'écarte par suite d'une position à peu près horizontale, on l'avait liée de façon lâche à un morceau de bois, comme le montre le dessin.

On remarquera que la quantité de racines qui se forme sur une tige placée horizontalement est d'autant plus grande que la masse de la feuille au sommet est plus considérable. Les deux tiges représentées dans la figure 65 ont été suspendues simultanément; celle qui est le plus bas et qui portait une feuille entière à son sommet a donné plus de racines que la tige supérieure dont la feuille avait subi une réduction de taille (4 mai au 5 juin 1923).

On peut vérifier quantitativement que la formation de racines aériennes sur une tige suspendue horizontalement croît bien

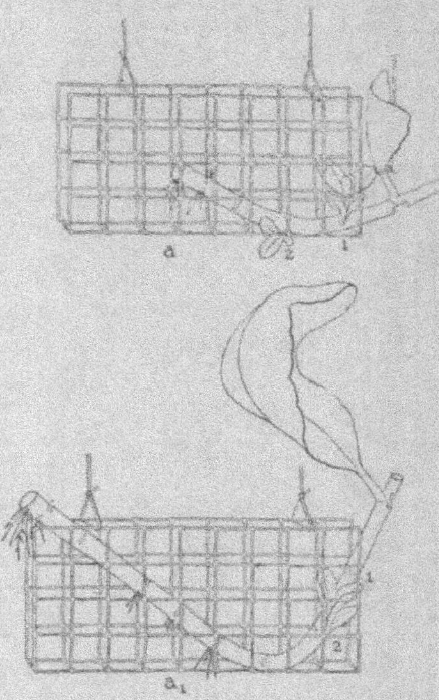

Fig. 65. — La masse de racines produites sur le côté inférieur de la tige suspendue horizontalement croît avec la masse de la feuille au sommet. (Expérience du 4 mai au 5 juin 1923.)

avec la masse de la feuille placée au sommet de la tige. Les expériences de ce genre ne sont pas très précises en raison du faible poids de racines qui se forme et aussi du fait que les racines aériennes se dessèchent et tombent quand il s'en forme de nouvelles; on peut cependant voir dans le Tableau XX qu'en gros, la masse des racines formée croît avec la masse des feuilles au sommet.

TABLEAU XX.

Ce tableau montre que la masse des racines aériennes produites par une tige diminue en même temps que celle de la feuille placée au sommet. Une tige étant fendue en long, chaque moitié possédait une des feuilles de la paire placée au sommet. Dans la première série de ces demi-tiges, la feuille restait intacte, dans l'autre on en réduisait la taille en en enlevant une partie. Les tiges à feuille réduite donnent régulièrement une moindre masse de racines.

Date et durée de l'expérience.			Poids des feuilles.	Poids des racines aériennes de la tige.	Rapport approximatif du poids des feuilles.	Rapport approximatif du poids des racines.
1918.						
1. 15 janv.	6 feuilles entières	fraîches.	19,03	0,054	6,7	6,7
21 fév.	6 feuilles opposées de taille réduite	fraîches.	2,85	0,008		
2. 29 oct.	5 feuilles entières	fraîches.	51,1	0,077	3	3
		sèches..	2,627	0,016		
9 déc.	5 feuilles opposées réduites	fraîches.	16,33	0,025		
		sèches..	0,901	0,003		
1919.						
3. 9 janv.	5 feuilles entières	fraîches.	11,65	0,043	4	2
		sèches..	0,596	0,006		
17 fév.	5 feuilles opposées réduites	fraîches.	2,935	0,022		
		sèches..	0,132	0,003		
4. 22 janv.	6 feuilles entières	fraîches.	34,562	0,128	3,3	6,1
		sèches..	1,378	0,037		
6 mars.	6 feuilles opposées réduites	fraîches.	10,023	0,026		
		sèches..	0,416	0,006		
5. 31 janv.	5 feuilles entières	fraîches.	12,8	0,044	3	2
		sèches..	1,504	0,009		
3 mars.	5 feuilles opposées réduites	fraîches.	8,625	0,026		
		sèches..	0,485	0,005		
1918.						
6. 27 oct.	3 feuilles entières	fraîches.	14,4	0,423	11,6	6,4
		sèches..	1,36	0,109		
9 déc.	3 feuilles opposées réduites	fraîches.	1,57	0,900		
		sèches..	0,117	0,017		

Dans ces expériences, les tiges subissaient la courbure géotropique et cette courbure croissait avec la masse de la feuille placée au sommet; cela peut suggérer l'idée que la formation de racines du côté inférieur de la tige ne résulte pas directement d'une accumulation de la sève dans cette région, qu'elle n'en est qu'un effet indirect et que sa cause immédiate est la courbure de la tige, mais ceci n'est pas exact. Lorsqu'on

Fig. 66. — Des racines se développent sur le côté inférieur d'une tige suspendue horizontalement même lorsqu'on empêche la courbure géotropique de se produire.

empêche les tiges de subir la courbure géotropique comme dans la figure 66, il ne s'en forme pas moins une grande quantité de racines sur leur côté inférieur; d'autre part, si on les courbe artificiellement en les liant à une pièce de bois et de manière que leur côté convexe se trouve vers le haut comme dans la figure 67, les racines se forment néanmoins du côté inférieur. Tout ceci est d'accord avec l'hypothèse que la formation d'une plus grande quantité de racines du côté le plus bas d'une tige placée horizontalement dans l'air humide a pour cause l'accumulation de suc des tissus du côté le plus bas de l'écorce.

Si maintenant la sève que la feuille placée vers le sommet de la tige envoie dans la direction du sommet est capable de déterminer la formation de racines aussi bien que celle qui va vers la

basé, nous devons pouvoir vérifier que lorsqu'une tige possédant
à la base une paire de feuilles est mise en position horizontale,
il se formera encore des racines sur son côté inférieur; c'est
bien ce que montre la figure 68. La tige qu'on y voit est pourvue
à la base d'une paire de grandes feuilles dont l'une plonge dans
l'eau. Afin d'empêcher la tige de prendre une courbure géotro-

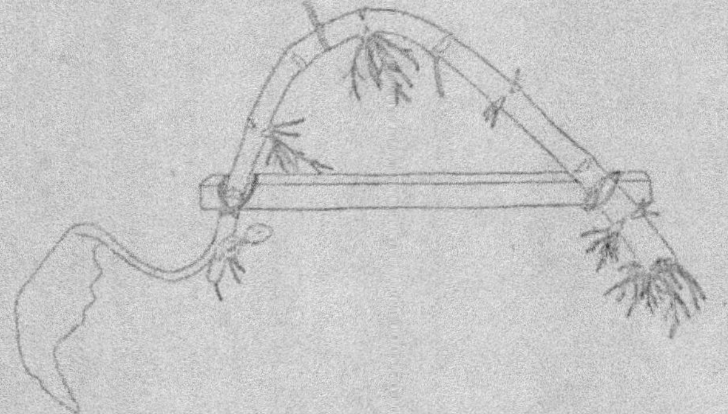

Fig. 67. — Tige courbée artificiellement dont la convexité est tournée
   vers le haut : les racines se forment sur le côté inférieur bien qu'il soit
   concave.

pique excessive, on l'a liée de manière lâche à une pièce de bois;
elle a pris cependant une courbure légère; la tige ne forme pas
de racines sur son côté supérieur, mais elle en donne une grande
quantité du côté inférieur et aussi un petit nombre latéralement;
le dessin a été fait le 11e jour de l'expérience. Une tige semblable,
privée de feuilles, ne donnant pratiquement dans le même temps
aucune racine sur son côté inférieur, l'abondante formation qui
se produit ici est forcément due à la sève qui monte à partir des
feuilles de la base. On a obtenu des résultats semblables dans
un grand nombre d'expériences bien que l'abondance de racines
formées varie d'une tige à l'autre et surtout avec la grandeur
de la feuille. Il en est d'ailleurs de même lorsque les racines se
forment sous l'influence d'une feuille placée au sommet.

Il faut conclure de tout cela que la sève qui monte en partant d'une feuille donne naissance à des racines, si elle rencontre des cellules capables d'être l'origine de ces organes, et que la pola-

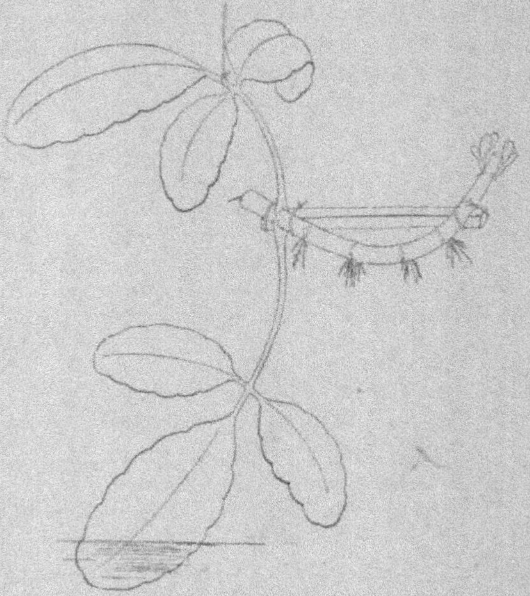

Fig. 68. — Tige portant des feuilles à la base et suspendue horizontalement; il se forme des racines au-dessus de la feuille et du côté inférieur de la tige, mais non du côté supérieur; la sève qui monte d'une feuille dans la tige peut donc servir aussi à la formation des racines.

rité de la régénération dans une tige de *Bryophyllum* doit par suite être attribuée à ce que, dans une tige suspendue verticalement en position normale, la sève ascendante suit un chemin qui l'amène tout d'abord au contact du tissu formateur de bourgeons et non de celui qui produirait des racines.

Lorsqu'on suspend la tige verticalement, le suc des tissus

détermine la formation initiale de racines dans les nœuds qui sont au-dessus de la base comme on l'a décrit au Chapitre VIII.

Lorsqu'une feuille se trouve au milieu d'une tige horizontalement suspendue, la courbure principale se produit surtout dans la région basale de la tige où se forment aussi les racines.

Cette influence de la pesanteur sur la formation de racines dans une tige de *Bryophyllum* placée horizontalement est plus

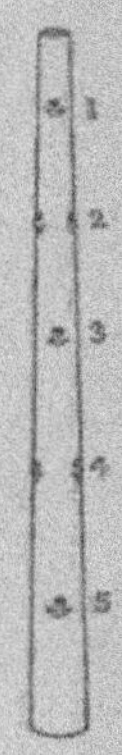

Fig. 69. — Représentation schématique de l'arrangement des bourgeons sur la tige de *Bryophyllum calycinum* : la ligne qui réunit les deux boutons d'un même nœud est perpendiculaire à celle qui joint les deux boutons des nœuds voisins.

marquée lorsque la tige est suspendue dans l'air humide que lorsqu'elle est placée sous l'eau. Dans ce dernier cas, il apparaît des feuilles à chaque nœud, mais de manière à peu près indépendante de la pesanteur (*fig.* 63) ; on a déjà noté une différence semblable dans l'action de la pesanteur sur la formation des organes au Chapitre V à propos des feuilles immergées ; l'explication qu'on a donnée alors est encore valable ici pour les tiges, à savoir que la pesanteur agit directement par accumulation du suc des tissus sur le côté inférieur de la tige placée horizontalement. Il en résulte sur ce côté une accélération de croissance qui provoque à son tour un efflux de liquide de toutes les parties de la tige vers cette région; la croissance des racines sur le côté supérieur s'en trouve supprimée; mais lorsque la tige est immergée, l'accumulation du suc des tissus ne peut plus déterminer une croissance plus rapide des racines du côté inférieur, car les tissus qui sont de l'autre côté ont aussi du liquide en abondance.

CHAPITRE XII.

COMMENT LES FEUILLES DE LA PARTIE SUPÉRIEURE D'UNE TIGE EMPÊCHENT LE DÉVELOPPEMENT DE BOURGEONS DANS LES PARTIES INFÉRIEURES DE CETTE TIGE.

1. Il y a un groupe de phénomènes qui nous permet de soumettre à une vérification supplémentaire l'hypothèse qu'on a exposée dans le Chapitre précédent au sujet de la polarité dans la régénération. Ces phénomènes ont trait à l'arrêt du développement des bourgeons sous l'influence des feuilles du sommet de la tige; on les observe surtout dans les tiges de plantes jeunes de *Bryophyllum* (plantes de moins d'un an) suspendues verticalement en position normale, soit dans l'air humide, soit immergées à leur base. Lorsqu'on emploie des tiges de plantes plus âgées ou lorsque les tiges sont suspendues en position horizontale, on obtient des résultats différents qu'on exposera en temps utile.

Pour faire comprendre ce qui se passe, il est nécessaire de dire quelques mots de la disposition des ébauches de bourgeons dans les tiges de *Bryophyllum*. Il existe à l'aisselle de chaque feuille d'une tige un bouton capable de se développer en bourgeon; chaque nœud de la plante possède deux feuilles opposées et l'axe qui joint les deux boutons axillaires du même nœud est toujours à angle droit de celui qui joint les deux boutons du nœud le plus voisin (*fig.* 69); ainsi la ligne qui, dans cette figure 69, passe par les deux boutons du nœud nº 2 est à angle

droit de celle qui joint les boutons du nœud nº 3 ou nº 1, etc.
Les feuilles inférieures d'une tige tombent, mais laissent subsister leur bouton axillaire; il n'y a pas dans la tige d'autres
éléments capables de bourgeonner que ces boutons.

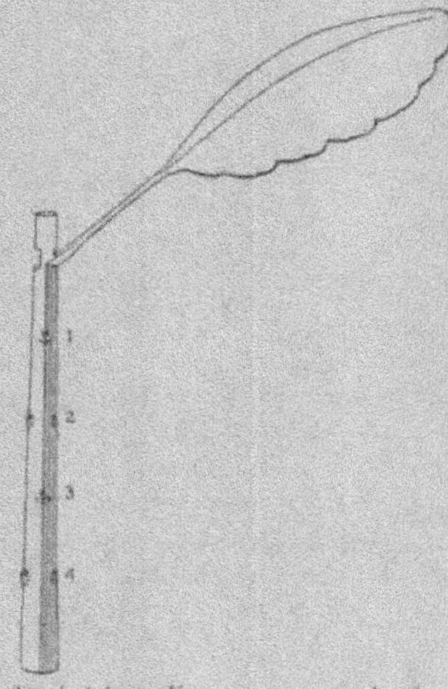

Fig. 70. — Schéma destiné à expliquer comment la sève descendant d'une
feuille du sommet de la tige empêche le développement des bourgeons
sur cette tige. La région de la tige atteinte par cette sève est ombrée
et dans la partie ombrée le développement des bourgeons ne se produit pas.

Dans la figure 70, on a indiqué, en l'ombrant, la route suivie
par la sève venant de la feuille du sommet de la tige; cette
route passe entre les ébauches des deux bourgeons au premier
et au troisième nœud au-dessous de la feuille et par celle d'un des
bourgeons au deuxième et au quatrième nœud au-dessous, ceux
qui sont du même côté que la feuille; il n'y a que les boutons
de ces second et quatrième nœuds placés du côté opposé de la
tige qui ne soient pas du tout sur le chemin de la sève qui descend

de la feuille; or, nous allons voir que ce sont ceux-là seulement qui peuvent se développer en bourgeons.

Nous avons vu que lorsque l'on suspend dans l'air humide un

Fig. 71. — Les feuilles placées au sommet d'une jeune tige empêchent le développement de bourgeons au-dessous d'elles; il ne se forme alors point de bourgeons, mais des racines. (Expérience du 8 octobre au 19 novembre 1923.)

segment de tige sans feuille dont la base plonge dans l'eau, des bourgeons commencent à se former au bout de quelques jours sur les nœuds les plus élevés et que ces bourgeons du sommet se développent rapidement. Mais si l'on prend un segment de tige d'une plante de moins d'un an, que l'on enlève ses feuilles, en n'en laissant qu'une seule paire, la plus élevée, et

que l'on suspende cette tige verticalement, il se forme de nombreuses racines à la base, mais la formation de bourgeons s'y
trouve supprimée pour longtemps sinon pour toujours. On a
dessiné l'état des tiges au bout de six semaines, mais leur aspect
ne s'était pas modifié le mois suivant au moment où l'on a

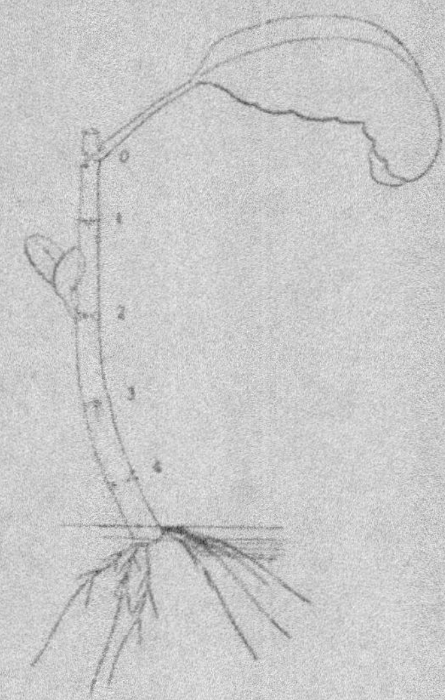

Fig. 71. — Jeune tige portant une seule feuille au sommet, la feuille
opposée (au nœud o) ayant été enlevée ; il ne se forme pas de bourgeons au premier nœud au-dessous de la feuille ; il s'en forme au second
nœud du côté opposé à cette feuille.

interrompu l'expérience. En fin de compte, une tige seulement
sur six a donné naissance à un bourgeon à l'aisselle de l'une des
feuilles du sommet et un autre au quatrième nœud au-dessous ;
ceci montre que la sève qui descend d'une feuille favorise la
formation de racines, mais supprime la formation de bourgeons
dans la partie inférieure d'une jeune tige. C'est ce qu'on observe
encore dans les expériences suivantes ; Si l'on supprime toutes
les feuilles d'un segment de tige âgée de moins d'un an à l'excep-

tion d'une seule de grande taille, au sommet (*fig.* 72), et si l'on
enlève également le bouton opposé à la feuille au même nœud,
donc le plus élevé (marqué o), aucun bourgeon ne se développe au nœud 1, le premier au-dessous de la feuille, mais l'un
des deux boutons placés au-dessous,' au nœud 2, se développe
et c'est celui qui est du côté de la tige opposé à la feuille. Si l'on

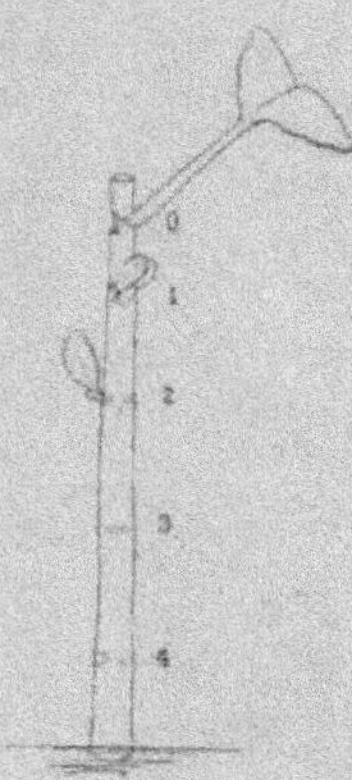

Fig. 73. — Jeune tige ne portant qu'un petit fragment de feuille au
sommet; dans ces conditions, le développement de bourgeons au nœud
immédiatement inférieur reste possible (le bourgeon axillaire placé du
côté opposé à la feuille au nœud o a été supprimé).

vient à enlever aussi ce deuxième bouton, ou bien c'est le bourgeon du quatrième nœud au-dessous de la feuille, et du côté de
la tige opposé à cette feuille qui se développe ou bien (ce qui est
plus fréquent) il ne s'en développe aucun.

Ces observations confirment le fait que la sève qui descend
de la feuille empêche toute formation de bourgeon sur son
chemin, c'est-à-dire du côté de la tige où elle se trouve; du côté
opposé au contraire que n'atteint pas cette sève, il peut s'en
former un. Les deux boutons qui sont au premier et au
troisième nœud au-dessous de la feuille étant aussi sur le
trajet de la sève qui en descend ne peuvent croître, mais le

bourgeon placé au deuxième ou au quatrième nœud (*fig.* 72) et du côté opposé à la feuille, se trouvant hors de ce trajet, peut par suite se développer.

Que la sève descendant d'une feuille empêche la formation de bourgeons dans la tige jeune, c'est ce qui résulte d'autre part

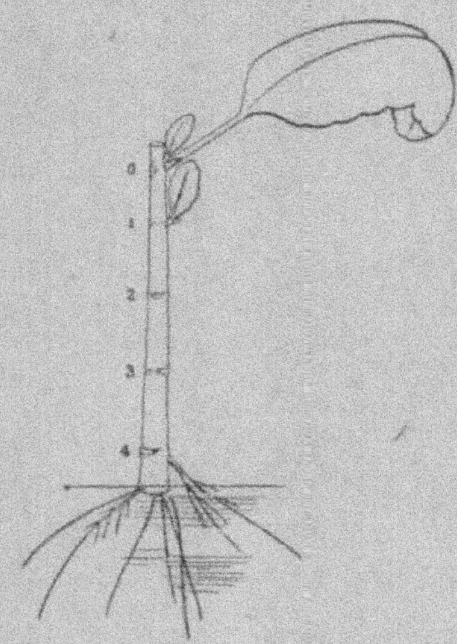

Fig. 74. — Tige portant au sommet une feuille dont on a enlevé la moitié de la base du pétiole : dans ces conditions, un des deux boutons du premier nœud au-dessous de la feuille se développe, c'est celui qui est du côté où la base du pétiole a été supprimée. (Le bourgeon opposé à la feuille au nœud 0 a été enlevé.)

du fait que, lorsque la taille d'une feuille au sommet est suffisamment réduite, elle cesse de s'opposer à la formation de bourgeons, et laisse s'en développer au premier nœud au-dessous d'elle (*fig.* 73). Pour finir, si l'on enlève la moitié de la base du pétiole de la feuille du sommet de la tige à son insertion sur cette tige, et si l'on supprime en même temps le bouton axillaire opposé (*fig.* 74), l'une des deux ébauches de bourgeons du premier nœud au-dessous de la feuille peut se développer, celle

qui est du côté où l'on a enlevé la moitié de la base du pétiole.
Dans ce cas, le chemin de la sève qui descend de la feuille ne passe
que par l'un des deux boutons au premier nœud au-dessous et
c'est celui-là seul qui ne peut se développer.

On est amené à se demander si des feuilles à la base peuvent

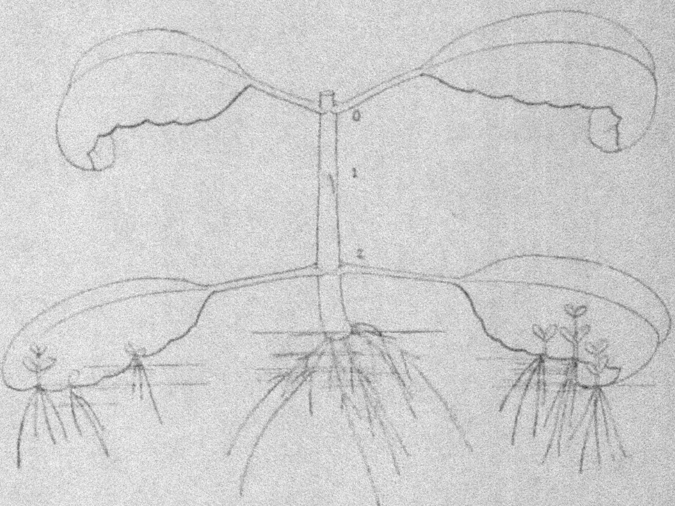

Fig. 75. — Jeune tige portant deux paires de feuilles, l'une au sommet,
l'autre au deuxième nœud au-dessous; malgré l'influence des feuilles
inférieures, les deux feuilles au sommet empêchent le développement
des bourgeons du nœud intermédiaire. (Expérience du 29 novembre
au 16 décembre.)

détruire l'action inhibitrice des feuilles au sommet en ce qui
concerne la régénération dans la tige; cela se peut en effet
lorsqu'il n'y a qu'une feuille au sommet, non lorsqu'il y en a
deux; ainsi une tige qui a une paire de feuilles à son nœud
le plus élevé et une autre au second nœud au-dessous ne
développera pas ses bourgeons au nœud intermédiaire (*fig.* 75).
l'action inhibitrice des deux feuilles au sommet est trop grande

pour cela. Mais s'il n'y a qu'une seule feuille au nœud supérieur et une autre au second nœud au-dessous et du côté opposé de la tige, et si de plus on enlève le bouton opposé à la feuille au sommet, les bourgeons du nœud intermédiaire peuvent se développer (*fig.* 76); l'action inhibitrice de la feuille au sommet sur

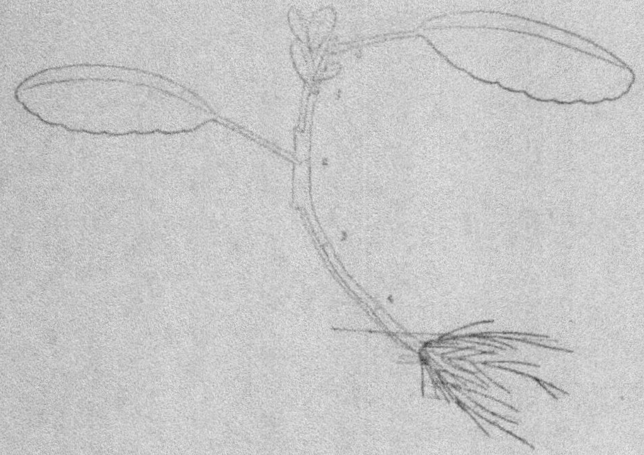

Fig. 76. — Jeune tige portant une feuille au nœud supérieur (o) et une autre au second nœud au-dessous (2) et du côté opposé; malgré la présence de la seule feuille au sommet, les bourgeons du nœud (1) se développent grâce à la feuille placée en (2). (Expérience du 10 octobre au 2 novembre.)

les boutons du premier nœud au-dessous n'est que la moitié de celle qu'exercent ensemble deux feuilles de même taille et cette action peut être contre-balancée par celle d'une feuille placée plus bas.

Si l'on répète l'expérience avec des tiges dont on a supprimé les boutons du premier nœud au-dessous de la feuille, le bourgeon axillaire de la feuille au sommet se développera, bien que d'ordinaire avec quelque retard (*fig.* 77).

Dans toutes ces expériences, une feuille placée au sommet

de la tige arrête plus fortement le développement des ébauches de bourgeons lorsqu'elles sont placées juste au milieu du chemin de la sève descendant de cette feuille que lorsqu'elles se trouvent un peu de côté. C'est ce que montrent clairement les expériences faites sur de vieilles tiges fendues en long et portant une

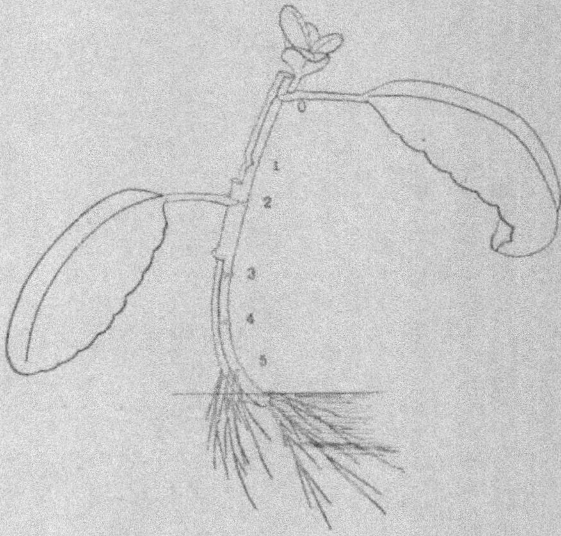

Fig. 77. — Expérience disposée comme dans la figure 76, mais les boutons du nœud intermédiaire entre ces deux feuilles (1) ont été supprimés : dans ces conditions, le bourgeon axillaire de la feuille au sommet se développe. (Expérience du 15 octobre au 23 novembre.)

feuille au sommet (*fig.* 78). Dans ce cas, les ébauches du premier et du troisième nœud au-dessous de la feuille peuvent se développer, mais non celui du deuxième nœud; celui-ci se trouve juste sur la route de la sève qui descend de cette feuille, les autres étant sur le côté.

2. Ces expériences montrent sans ambiguïté que la sève qu'une

feuille placée au sommet de la tige verse dans le courant descendant empêche le développement de bourgeons au-dessous d'elle, quand leurs ébauches se trouvent sur le trajet de ce liquide. Il faut toutefois que les tiges soient jeunes (de moins d'un an) et

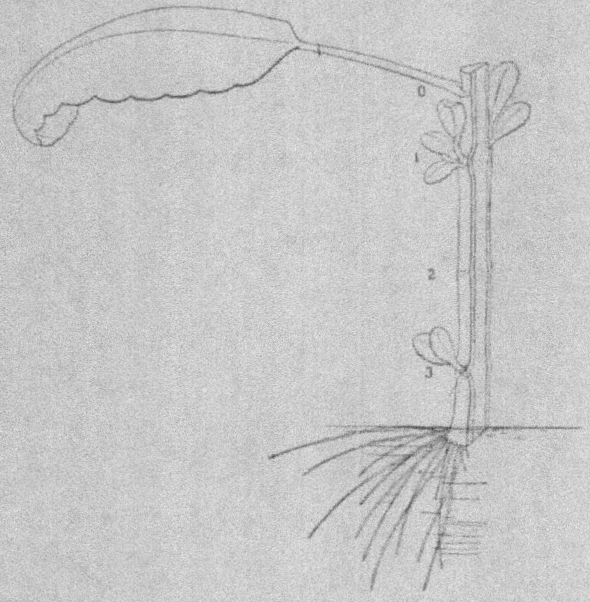

Fig. 78. — Vieille tige fendue en long et portant une feuille au sommet; ici les bourgeons se développent au premier et au troisième nœud au-dessous de la feuille, mais non au second. (Expérience du 24 octobre au 5 novembre.)

placées verticalement. L'auteur ne voit que deux manières d'expliquer comment la sève qui descend d'une feuille arrête ainsi le développement des bourgeons placés au-dessous. La première est d'imaginer que la sève descendante contient des hormones spécifiques qui suppriment directement la formation des bourgeons et favorisent celle des racines, mais cette hypothèse est en contradiction avec la théorie de la polarité à laquelle on est arrivé dans le Chapitre précédent.

Une seconde manière est de supposer que la sève qui descend d'une feuille agit indirectement; cette sève serait, par exemple,

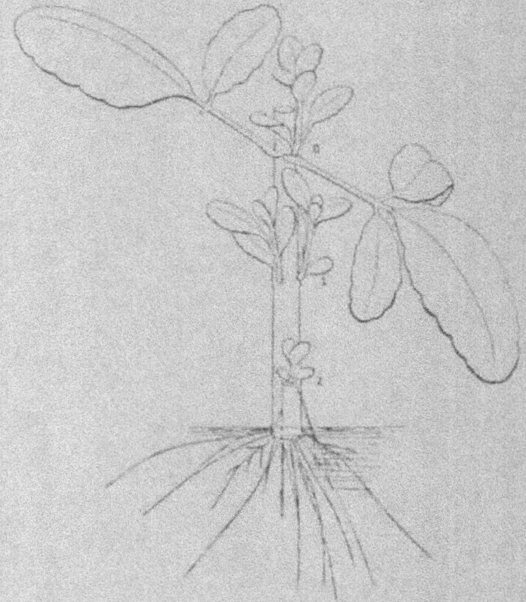

Fig. 79. — Dans les vieilles tiges, les feuilles au sommet n'empêchent plus le développement de bourgeons au-dessous.

tout entière employée à l'accroissement de la tige en longueur ou en épaisseur et, pour cette raison, il n'y aurait dans cette sève trop peu de matière disponible pour la formation des bourgeons, ou bien encore, la croissance rapide de certaines parties de la tige empêcherait le développement des ébauches de bourgeons dans cette région, soit en attirant la sève vers elles, soit de quelque autre manière indirecte. De telles explications seraient d'accord avec la théorie de la polarité de la régénération qu'on a exposée dans le Chapitre précédent. Ces phénomènes d'arrêt de développement nous offrent donc un bon moyen de contrôler cette théorie.

Tant que l'on se contente d'expériences purement qualitatives, l'hypothèse d'hormones inhibitrices parties de la feuille du sommet et charriées par la sève descendante semble acceptable, bien qu'elle rencontre quelques difficultés du fait que les phénomènes d'inhibition n'apparaissent que dans les tiges jeunes, de croissance vigoureuse, et non dans les tiges vieilles. C'est ainsi que, dans la tige vieille de la figure 79, les deux feuilles du sommet n'empêchent pas le développement de bourgeons vigoureux au premier nœud au-dessous des feuilles du sommet. Le fait que l'action inhibitrice de la feuille au sommet décrite dans les tiges jeunes se trouve moins nette ou disparaît avec des tiges plus âgées (*fig.* 78 et 79) exigerait que l'hypothèse soit modifiée. La difficulté augmente lorsque nous ajoutons des expériences quantitatives aux expériences qualitatives.

3. Une expérience quantitative permet de démontrer que c'est la sève descendant de la feuille du sommet de la tige qui, dans certaines conditions, détermine un accroissement de la formation de bourgeons à la base de cette même tige. Dans la figure 80, *a* représente un segment de tige sans feuille; *b* un autre segment auquel on n'a laissé au sommet qu'une feuille d'ailleurs réduite; *c* un troisième segment dont la feuille au sommet a été laissée entière, le côté droit de la partie supérieure de la tige, celui qui est opposé à la feuille, a été enlevé. Les tiges *b* et *c* ont formé des racines à leur base du côté où se trouve la feuille; cela montre bien que la matière employée à former les racines arrive avec le courant de sève qui descend de la feuille; d'autre part, la quantité de racines est plus grande en *c* qu'en *b*, ce qui correspond à la différence de taille des feuilles. Des racines peuvent toutefois plus tard apparaître sur toute la circonférence de base de la tige. La tige *a* qui ne porte plus de feuille n'a pas formé de racines à sa base, elle n'a donné naissance qu'à

des racines aériennes éphémères sur les nœuds, racines qui disparaîtront lorsqu'il se formera à la base des racines permanentes. Il ne se forme pas de bourgeons sur b et c du côté de la tige qui porte la feuille, ce qui montre l'action inhibitrice de la

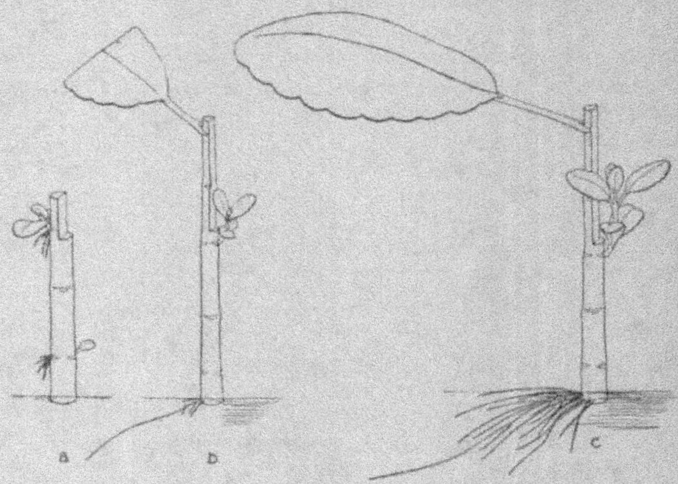

Fig. 80. — La sève qui descend d'une feuille peut, elle aussi, dans des conditions convenables, accroître le développement des bourgeons. Cette croissance est pour la tige c, qui porte une feuille au sommet, plus grande que pour b qui ne porte qu'une feuille réduite ; en l'absence de feuille (en a), la croissance des bourgeons est minima. Des racines se forment à la base en b et en c en commençant par le côté de la tige où se trouve la feuille. (Expérience du 7 décembre au 5 janvier.)

sève descendante ; il s'en forme au contraire du côté opposé à la feuille ; la masse totale de ces bourgeons est le plus grande sur c qui porte la feuille de plus grande taille, plus petite sur b qui ne porte qu'une feuille réduite et plus faible encore sur a qui est dépourvu de feuilles. Ces expériences ont été faites simultanément du 7 décembre 1922 au 5 janvier 1923. Les pesées montrent que la masse (sèche) de bourgeons produite par gramme de poids sec de tige croît avec la taille de la feuille placée au sommet et par suite que la matière dont se sont formés les bourgeons en *b* et *c* est en partie fournie par la sève qui descend de la feuille.

TABLEAU XXI.

| | Poids sec | | | Poids de bourgeons produit |
	de tiges.	de bourgeons.	de racines à la base.	par gramme de tige.
	g	g	g	mg
a. 6 tiges sans feuille......	3,252	0,070	0	21,5
b. 4 tiges à feuille réduite..	1,883	0,059	0,014	31,0
c. 5 tiges à feuille entière..	3,931	0,180	0,074	46,0

Le poids sec de l'ensemble des feuilles est de 0^g, 470 en *b* et de 2^g, 607 en *c*. L'accroissement des bourgeons produit par la sève descendant de la feuille du sommet de la tige croît avec la masse de ces feuilles, mais moins rapidement. (La masse des racines basales s'accroît d'autre part presque proportionnellement à la masse de la feuille.)

Une partie de la matière que la feuille verse dans le courant descendant paraît être employée à la croissance en longueur et en épaisseur des tissus les plus périphériques de la tige auxquels les racines doivent leur origine et il n'en reste dans le courant descendant qu'une fraction qui puisse être employée pour l'accroissement des bourgeons en *b* et en *c* (*fig.* 80). Cela expliquera pourquoi la masse des bourgeons qui se forment dans la partie inférieure d'une tige ne peut croître proportionnellement à la masse de la feuille attachée au sommet.

On peut encore démontrer par des expériences de la forme ci-dessous que le courant qui descend d'une feuille transporte de la matière utilisable pour la formation des bourgeons.

La figure 81 représente deux tiges *a* et *b* qui ont été fendues en long depuis le sommet jusqu'auprès de la base ; cette base plonge dans l'eau ; la tige *a* ne porte pas de feuilles et *b* en a une seule au sommet à droite. Dans l'expérience qui a duré du 12 janvier au 8 février 1922, la tige défeuillée *a* a formé à son sommet deux petits bourgeons, la tige *b* a formé des racines à sa base, mais seulement du côté où se trouve la feuille, et de plus un grand bourgeon à l'extrémité supérieure du côté opposé à la feuille. La masse de ce bourgeon unique est supérieure à celle des deux petits bourgeons formés en *a*; c'est ce que montrent les poids

Fig. 81. — Tiges fendues en long à partir du sommet et presque jusqu'à la base; la tige *b* qui porte une feuille au sommet donne naissance à un bourgeon de plus grande masse que ceux de la tige *a* qui ne porte pas de feuille. Sur la tige *b*, le bourgeon ne se développe pas du côté où se trouve la feuille; il se produit des racines à la base de ce même côté. (Expérience du 12 janvier au 8 février 1922.)

secs enregistrés dans le Tableau XXII; la masse des bourgeons formés par les tiges défeuillées n'était que de 44^{mg}, tandis que les tiges qui portaient une feuille au sommet ont donné des bourgeons dont le poids sec était de 358^{mg}; plus des $\frac{7}{8}$ de la masse des bourgeons en *b* paraît donc fournie par la sève qui descend de la feuille au sommet; cette sève qui empêche la formation de bourgeons du côté où se trouve la feuille accroît en même temps la masse des bourgeons régénérés d'environ 700 pour 100; on ne peut donc pas dire que si la sève qui descend d'une feuille arrête le développement des bourgeons, c'est qu'elle contient une substance inhibitrice produite par la feuille.

TABLEAU XXII.

	Poids sec de tiges.	Poids sec des bourgeons régénérés.	des racines régénérées.
1. 6 tiges avec feuille au sommet (*b*).	2g,802	0g,358	0g,111
2. 5 tiges sans feuille (*a*)............	2g,462	0g,044	0g,002

Le poids sec des 6 feuilles au sommet de la série I était de 3g,388. Dans les expériences précédentes, les tiges plongeaient dans

Fig. 82. — Expérience disposée comme celle de la figure 81 ; mais les tiges suspendues horizontalement et leurs feuilles sont tout entières dans l'air humide. La tige I qui porte une feuille entière donne naissance à un bourgeon plus grand que II qui porte une feuille réduite ; la tige III qui n'a point de feuille ne donne que de très petits bourgeons. Remarquer encore que la courbure géotropique de la tige croît avec la masse de la feuille. (Expérience du 3 au 21 avril 1923.)

l'eau ; mais le résultat resterait le même si les tiges étaient entièrement dans l'air. Pour le montrer on a pris 3 séries de 4 petites tiges dont chacune était fendue en long et suspendue horizontalement dans l'air humide (*fig.* 82) : celles de la série I avaient une grande feuille au sommet, celles de la série II une feuille réduite, et celles de la série III en étaient entièrement privées. Toutes ont produit des bourgeons au nœud le plus élevé, mais, comme le montre la figure 82, la taille de ces bourgeons variait d'une série à l'autre comme celle de la feuille au sommet. Dans ces tiges, la sève venant de la feuille doit se diriger d'abord vers la base, puis de l'autre côté de la section, de nouveau vers le sommet. Il n'est pas douteux que

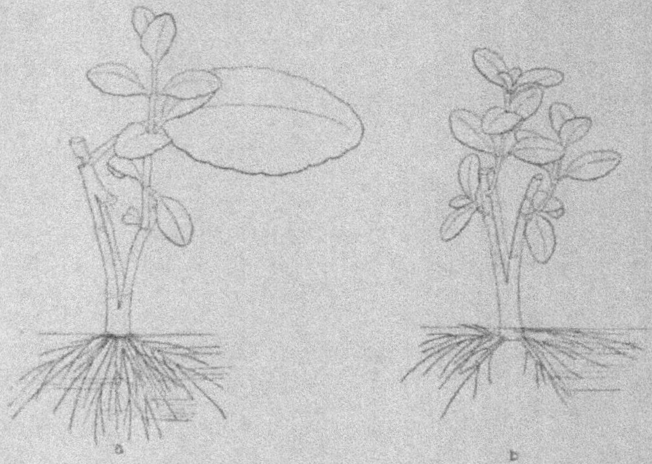

Fig. 83. — Tiges partiellement divisées en long. En *a*, la sève de la feuille au sommet est forcée de passer d'abord sur l'autre face de la tige où elle empêche le développement des bourgeons, puis elle revient à la base sur le premier côté où elle donne naissance à un bourgeon. La masse de ce bourgeon est plus grande pour la tige qui porte une feuille (*a*) que pour celle qui en a été privée (*b*). (Expérience du 9 janvier au 16 mars 1923.)

le courant qui descend de la feuille supérieure favorise ici le développement des bourgeons. Dans la série I, 1^g de poids sec de tiges donne naissance à 57^{mg} de poids sec de bourgeons; dans la série II, à 37^{mg}, et dans la série III (tiges sans feuille), à 12^{mg} seulement. On pourrait objecter à ces expériences que la sève descendante rejetée par la feuille pourrait, dans son passage à l'autre côté de la tige, subir un changement qui consisterait précisément en une perte de substance inhibitrice ; pour rechercher s'il est possible que la sève, lorsqu'elle passe d'un côté à l'autre de la tige, se modifie ainsi, on a exécuté l'expérience suivante.

Des tiges, au sommet desquelles on laissait une feuille, ont été fendues en long à quelque distance au-dessous de la feuille jusqu'auprès de leur base qui plonge dans l'eau (*fig.* 83, *a*) ; on a supprimé au sommet le bouton opposé à la feuille conservée, comme le montre justement la figure : ici, la sève venant de la feuille doit passer sur la face opposée, puis s'écouler vers le bas de la tige et c'est de ce côté que les premières racines se développent à la base dont elles finissent d'ailleurs par occuper tout le tour ; il ne se développe de ce côté aucun bourgeon (*fig.* 83, *a*), ce qui montre qu'en traversant la tige, la sève n'a pas perdu sa puissance inhibitrice. Toutefois un bourgeon peut se développer du côté même où se trouve la feuille au sommet de la partie fendue de la tige (*fig.* 83, *a*). On se demandera alors si la sève descendant de la feuille a contribué ou non à la croissance de ce bourgeon ; l'expérience quantitative qui suit répond affirmativement.

On fend en long 5 tiges sans feuille jusque vers leur base comme on le voit dans la figure 83, *b* : chaque moitié va alors donner un bourgeon à son sommet. On fend d'autre part, de la manière indiquée à l'alinéa précédent, 6 tiges de masse à peu près égale, mais à chacune desquelles on laisse une seule feuille au sommet (*fig.* 83, *a*) ; ces tiges produisent, comme on l'a dit, un bourgeon au sommet du segment qui ne porte pas la feuille et quelquefois un autre plus petit au nœud placé au-dessous ; le poids sec total des bourgeons produits par les 6 tiges semblables à *a* était de 1ᵍ, 557 ; le poids total sec des bourgeons produits par les 5 tiges *b* (sans feuille) n'était que de 0ᵍ, 668 ; le poids sec des 6 feuilles au sommet était de 2ᵍ, 063, à peu près le même que celui des tiges ; il n'est donc pas douteux que la sève qui descend d'une feuille au sommet contribue à la croissance des bourgeons au-dessous de la feuille en *a*. Dans ce cas, la sève descendante doit parcourir toute la longueur de la tige du côté opposé à la feuille, puis remonter vers le sommet de la partie sectionnée. Le Tableau XXIII fait connaître les nombres exacts relatifs à cette expérience. La masse des bourgeons régénérés est anormalement grande parce que l'expérience a duré plus longtemps que de coutume, c'est-à-dire plus de 2 mois (9 janvier au 16 mars).

TABLEAU XXIII

	Poids sec des tiges.	Poids sec des bourgeons développés.	des racines formées.
a. (6 tiges portant une feuille au sommet)	$2^g,139$	$1^g,457$	$0^g,106$
b. (5 tiges entièrement défeuillées).	$1^g,987$	$0^g,668$	$0^g,040$

Les faits sont donc bien nets; d'abord la sève ascendante versée dans la tige de *Bryophyllum* par une feuille placée à la base peut donner des racines sur cette tige et la quantité de racines produites est plus petite lorsque la tige est complètement privée de feuilles que lorsqu'elle en a une ou deux à la base; on peut aussi voir, bien que la démonstration quantitative n'en soit pas faite, que la masse de racines croît dans ce cas avec la masse de la feuille. En second lieu, la sève descendante fournie par une feuille au sommet de la tige accroît la formation de bourgeons à sa base, et d'autant plus que la masse de la feuille est plus grande; on ne peut donc attribuer le caractère polaire de la régénération dans la tige de *Bryophyllum* à des différences de constitution chimique entre la sève ascendante et la sève descendante; la seule hypothèse qui paraît admissible à l'auteur est que les liquides qui montent et descendent rencontrent tout d'abord des espèces de tissus différentes : celui qui monte, l'ébauche de la formation de bourgeons et celui qui descend, l'ébauche de la formation de racines. Le fait que la sève qui descend d'une feuille au sommet de la tige empêche le développement des bourgeons et favorise la formation de racines dans son trajet est d'accord avec cette opinion. On a indiqué plus haut dans ce Chapitre l'hypothèse que l'arrêt de développement paraît être le résultat indirect de ce que la croissance de la tige dans une région y empêche la croissance des bourgeons.

CHAPITRE XIII.

FORMATION D'UN CAL.

Pour expliquer l'arrêt que la sève descendante impose au développement des bourgeons le long de sa route ainsi qu'on l'a exposé à la fin du précédent Chapitre, il est nécessaire de

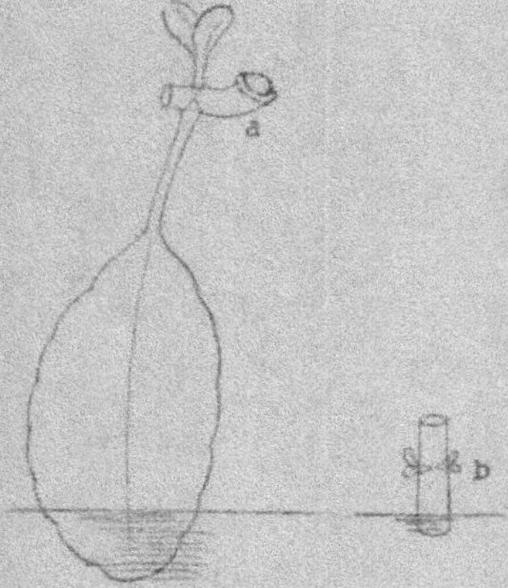

Fig. 84. — Influence de la feuille sur la formation d'un cal sur la tige: la tige *a* qui porte une feuille forme un cal; la tige *b* qui en est dépourvue n'en forme pas dans le même temps. (Expérience du 15 novembre au 12 décembre.)

montrer tout d'abord que la sève descendante détermine une croissance de la tige que la sève ascendante est incapable de produire. On peut employer à cette fin la formation de cal qui ne se produit qu'à l'extrémité de base et jamais à l'extrémité supérieure d'une tige de *Bryophyllum*. On peut montrer qu'il y a parallélisme entre les conditions qui empêchent le développement des bourgeons et celles qui favorisent la formation d'un cal dans la tige.

Fig. 85. — Le demi-segment de tige auquel adhère une feuille entière donne naissance à un cal plus grand que celui auquel adhère la feuille opposée dont une partie a été enlevée. (Expérience du 15 novembre au 12 décembre.)

Un petit segment de tige sans feuille ne forme que peu ou pas de cal; dans le même temps, un segment de même masse, mais pourvu d'une feuille, en forme un bien plus considérable (*fig.* 84).

Dans cette expérience, le segment de tige sans feuille avait
même l'avantage de plonger dans l'eau; lorsqu'ils se trouvent
suspendus dans l'air, de petits segments sans feuille ne forment
que peu ou pas de cal. Lorsqu'on prend un segment portant une
paire de feuilles, qu'on le fend en long, et qu'on réduit la taille
d'une des feuilles (*fig.* 85), la demi-tige qui porte la feuille réduite
produit dans le même temps, toutes conditions égales d'ailleurs,

Fig. 86. — La distance entre la feuille au sommet et la base de la
    tige est très faible à gauche de la figure : le cal se forme alors plus
    rapidement que lorsque cette distance est plus grande. (Expérience
    du 3o novembre au 14 décembre 1923.)

moins de cal à sa base que celle qui porte une feuille de plus
grande taille; l'expérience représentée a duré du 15 novembre
au 12 décembre.

La formation de cal à la base d'un segment de tige croît donc
avec la taille de la feuille au sommet en même temps que cette
feuille arrête le développement des bourgeons.

Lorsque la feuille laissée au sommet de la tige n'est pas
loin de la base, la formation de cal est plus rapide et le cal plus
important que lorsque la distance de la feuille à la base est plus
grande. Dans ce dernier cas, en effet, la sève qui descend de la
feuille a un plus long chemin à parcourir pour arriver à la base
et une partie de la matière qu'elle transporte peut être employée
dans la tige avant que la sève atteigne cette base; c'est ce que
montre la figure 86 où le petit segment de tige portant une

feuille peu éloignée de la base donne un cal assez gros; la tige plus longue, où la feuille est plus écartée de la base, ne donne dans le même temps presque pas de cal (30 novembre au

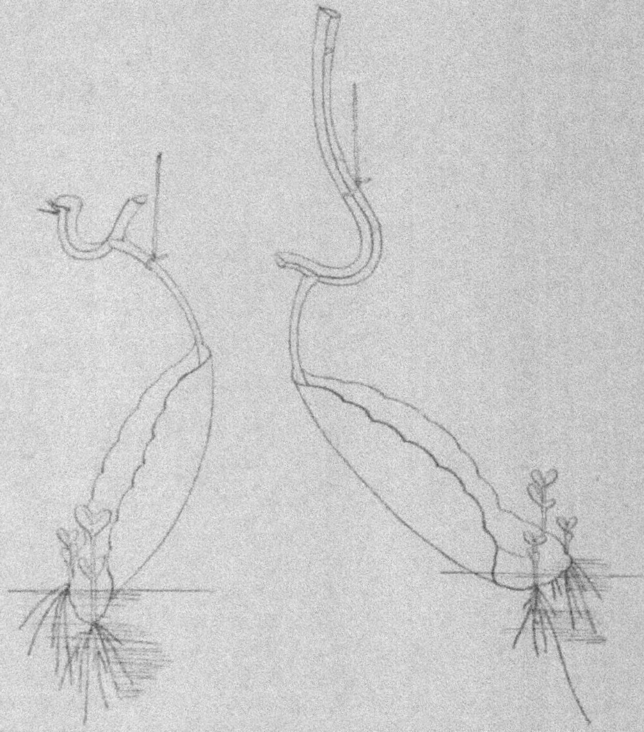

Fig. 87. — *Voir la précédente.*

14 décembre). On voit la même chose dans la figure 87 qui représente un segment de tige portant une paire de feuilles au sommet et qu'on a fendu en long; on réduit beaucoup la longueur de l'une des demi-tiges, la feuille y est alors peu éloignée de la base (à

gauche de la figure 87) et la formation du cal est par suite considérable dans le même temps où le segment non raccourci n'a encore donné naissance à aucun cal; il en forme ultérieurement un petit.

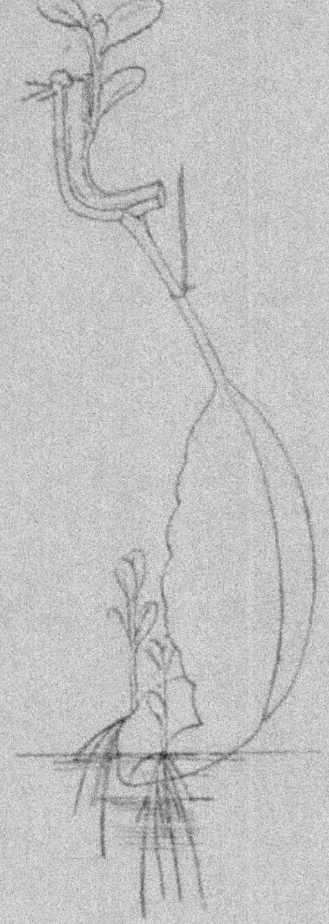

Fig. 88. — Il ne se forme de cal que du côté de la tige
où il ne se développe pas de bourgeon.

On a vu qu'une feuille placée au sommet d'une tige suspendue verticalement en position normale y gêne le développement des bourgeons plus fortement lorsque cette tige est jeune que lorsqu'elle est âgée; il est intéressant de constater que la formation du cal est aussi moindre dans la tige ancienne que dans la tige jeune.

Toutes ces expériences montrent le parallélisme qui existe

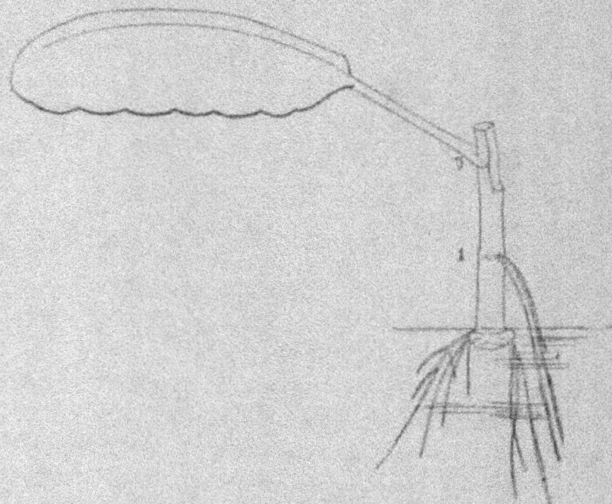

Fig. 89. — Tige portant une feuille au sommet et dans laquelle la formation d'un gros cal empêche le développement des bourgeons. (Expérience du 16 octobre au 14 novembre 1923.)

entre l'action de la feuille au sommet sur la formation du cal et l'arrêt de développement des bourgeons à la base de la tige.

La figure 88 montre une relation inverse entre la formation d'un cal et le développement du bourgeon placé au-dessous d'une feuille; la tige de la figure 88 porte une large feuille à son sommet et la pointe de cette feuille est immergée. Au nœud placé au-dessous du sommet, il se forme un bourgeon; il ne s'en forme pas de l'autre côté du même nœud. Il n'y a aussi qu'une moitié de la base de la tige qui forme un cal, celle où ne se trouve pas le bourgeon; l'autre moitié n'en forme pas pour cette raison qu'un épaississement se produit dans la région du nouveau bourgeon et que c'est là qu'est employée la matière qui aurait pu, d'autre part, servir à la formation du cal.

La figure 89 montre une corrélation semblable; une jeune tige

porte une large feuille au sommet et un seul nœud au-dessous;
le bourgeon opposé à la feuille a été enlevé; il ne se forme pas
de bourgeon au premier nœud au-dessous de la feuille et ce n'est
qu'après plus d'un mois qu'un bourgeon se développe à l'aisselle même de cette feuille, mais en revanche il se forme un
cal important à la base de la tige; ce résultat caractéristique
suggère que la plus grande partie de la matière fournie par la
feuille du sommet sert à la formation du cal; s'il s'était formé un
bourgeon sur la tige, l'importance du cal aurait été moindre.

La formation d'un cal peut être considérée comme un résultat
de la croissance de certains tissus de la tige sous l'influence
de la sève descendante. Il est possible que ces tissus soient aussi
ceux qui donnent naissance aux racines et peut-être à l'accroissement en longueur et même en épaisseur de la tige; nous pouvons comprendre que cet accroissement de la tige puisse indirectement empêcher la croissance de bourgeons dans la même
région. De nouvelles expériences sont d'ailleurs encore nécessaires
pour expliquer le mécanisme de cet arrêt de développement.

CHAPITRE XIV.

ARRÊTS DE DÉVELOPPEMENT DE SECOND ORDRE DUS A UNE FEUILLE DU SOMMET DE LA TIGE.

Une feuille placée au sommet de la tige ne se contente pas
d'empêcher le développement des bourgeons le long du trajet
direct de la sève descendante, elle exerce encore quelques autres
influences du même genre en dehors de ce trajet. Ces dernières
influences peuvent être dites de second ordre afin de les distinguer de celles qui s'exercent directement le long du trajet
de la sève descendante. Ces influences du second ordre consistent
en ce que, sur les tiges possédant une feuille au sommet, le

développement des bourgeons se trouve retardé et relativement diminué, même du côté de la tige opposé au point d'insertion de la feuille. C'est ce que montre l'expérience suivante :

On prend 6 courts segments de tige portant chacun une feuille à la base (*fig.* 90) et l'on en fait plonger dans l'eau l'extrémité

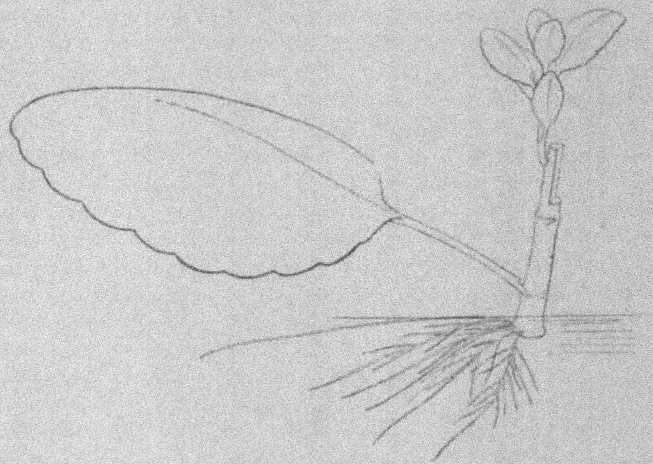

Fig. 90. — Développement des bourgeons dans une tige
qui porte une feuille à sa base.

inférieure; chaque tige forme un seul bourgeon au sommet et des racines à la base; dans une expérience qui a duré du 7 décembre 1922 au 5 janvier 1923, le poids sec des 6 feuilles étant de $2^g,8908$, le poids sec de tous les bourgeons produits par la tige s'est trouvé de 348^{mg}; à 1^g de feuille correspond donc un poids de 120^{mg} de bourgeons placés au sommet. En même temps qu'on faisait cette opération, on a pris 6 autres segments de tige courts dont chacun portait encore une feuille, mais au sommet (*fig.* 80 de la page 120). Dans ce cas, les feuilles pesaient en tout à l'état sec $2^g,607$ et les bourgeons qui se sont formés à la base pesaient secs 180^{mg}, ce qui fait correspondre à 1ᵍ de feuilles sèches au sommet un poids de 68ᵐᵍ seulement de bourgeons. La différence entre l'action de la feuille sur la production de bourgeons suivant que la sève doit monter ou descendre de l'un à l'autre ne peut être attribuée à une différence dans le poids sec des tiges; ce poids étant, dans l'expérience où la sève monte (*fig.* 90) et où elle forme plus de bourgeons, moindre que dans l'autre expérience (*fig.* 80), soit 1ᵍ,87 seulement contre 3ᵍ,9 dans le cas de la sève descendante. La seule conclusion qu'on puisse adopter est que la sève descendante fournie par la feuille donne par gramme de feuille sèche moins que la moitié (pas beaucoup plus d'un tiers) de la quantité des bourgeons qui se forment dans le cas de la sève ascendante.

Comme il ne se forme dans ces expériences ni bourgeons, ni racines sur les feuilles elles-mêmes, on conclura en se basant sur les expériences décrites au Chapitre VI que les feuilles abandonnent à la tige, dans les deux cas, la plus grande partie de la matière qu'elles forment et que la moindre quantité de bourgeons produits par la sève descendante doit être attribuée à ce que la production de bourgeons n'emploie pas une aussi forte proportion de matière dans le cas où la feuille est au sommet que dans celui où elle se trouve à la base de la tige. Cette tige doit donc avoir, sous quelque forme que ce soit, retenu dans le premier cas une plus grande partie de la matière qui lui est fournie par la feuille. Un autre fait indique encore cette différence dans la quantité de matière retenue par la tige suivant que la sève doit monter ou descendre : la formation de bourgeons dans un segment de tige portant une feuille au sommet est à la fois d'autant plus faible et d'autant plus tardive que la distance est plus grande entre l'insertion de la feuille et l'endroit où les bourgeons se forment. On n'observe rien de pareil dans le cas de la sève ascendante.

Voici à ce sujet une expérience de comparaison. On a suspendu 6 jeunes tiges portant une feuille à leur sommet de façon que ce sommet plonge dans l'eau; dans ces conditions, chacune des tiges forme un bourgeon à l'opposé de la feuille (*fig.* 91). Le poids sec des 6 feuilles étant de 2ᵍ,082, celui des 6 bourgeons ensemble était de 274ᵐᵍ, soit 0ᵍ,135 de bourgeon pesé sec pour 1ᵍ de

feuille sèche. L'expérience avait duré du 8 au 28 novembre ;
simultanément, on avait pris 6 autres tiges pourvues aussi
chacune d'une feuille au sommet, mais l'ébauche de bourgeon

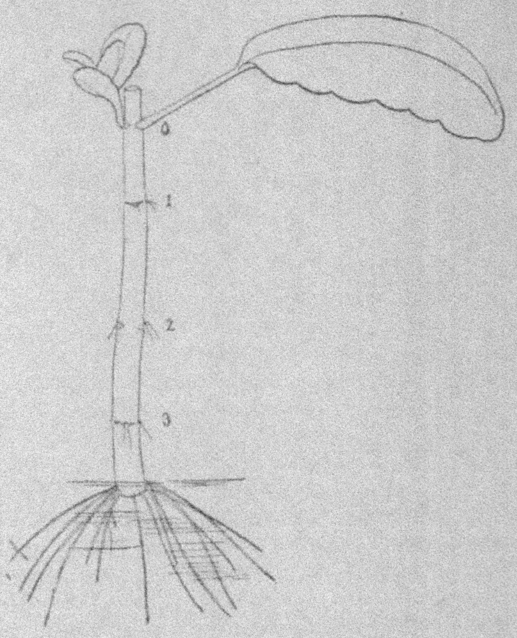

Fig. 91. — Dans un segment de tige auquel on ne laisse qu'une feuille
au sommet, c'est le bouton opposé à cette feuille qui se développe
de préférence à tout autre et à leur exclusion.

opposée à la feuille avait été supprimée (*fig.* 92). Ces tiges ont
été à part cela traitées comme les précédentes ; il s'est alors
formé sur chacune d'elles, comme le montre la figure, un
bourgeon au second nœud de la feuille et du côté qui lui est
opposé. La formation des bourgeons a été, dans ce cas, plus
tardive et l'on a obtenu, pour un poids sec de feuilles de 2ᵍ,053,

126^{mg}, de bourgeons secs seulement, ce qui ne fait que 62^{mg} de bourgeon par gramme de feuille; ainsi la même masse de feuille au sommet de la tige donne naissance à une moindre masse

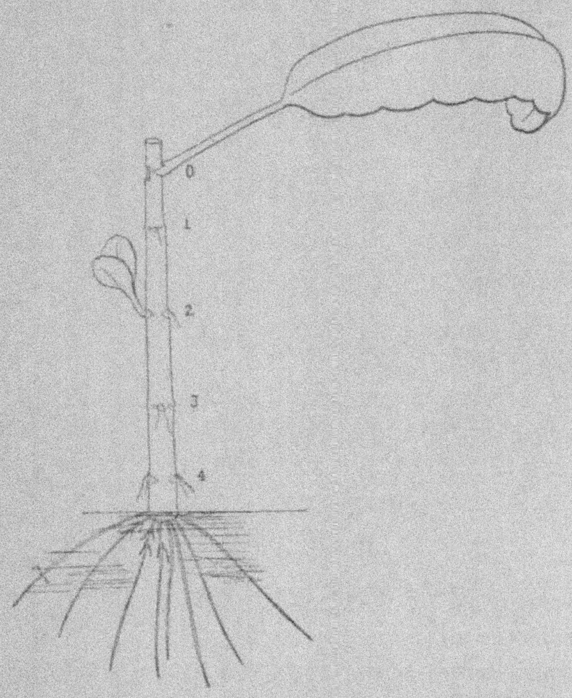

Fig. 92. — Dans la figure 91, le bourgeon qui se développe est à deux nœuds au-dessous de la feuille par suite de l'enlèvement du bouton axillaire opposé à cette feuille : il se développe moins rapidement que ce bourgeon axillaire lorsqu'on le laisse subsister (*fig.* 91).

de bourgeon lorsque la sève de cette feuille doit parcourir un plus long chemin vers la base avant d'atteindre l'ébauche du bourgeon. Il s'impose à l'esprit que, dans ce dernier cas, une partie de la matière fournie par la feuille a été employée par la tige dans les deux premiers entre-nœuds, ce qui en laisse une moindre quantité disponible pour le développement du bourgeon.

Le fait que la masse du bourgeon qui se développe à la base de

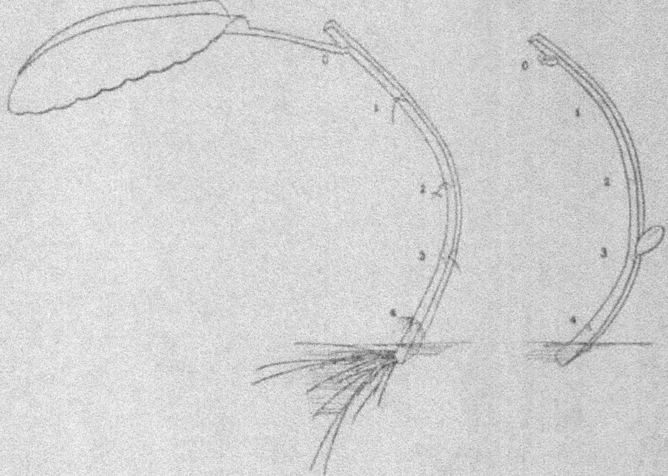

Fig. 93. — Tige fendue en long, dont l'une des moitiés seulement porte une feuille au sommet : elle ne donne naissance qu'à des racines; l'autre ne donne que des bourgeons sans racines. (Expérience du 2 au 23 octobre 1923.)

la tige diminue d'autant plus qu'est plus grande la distance entre la feuille au sommet et ce bourgeon est illustré d'une manière frappante par les expériences suivantes, expériences simultanées qui ont été représentées dans les figures 93 à 96 et qui ont duré du 2 au 23 octobre. On voit dans la figure 93 une tige de moins d'un an ayant une feuille au sommet qui a été fendue en long et dont les deux parties ont été suspendues dans un aquarium; leur base plonge dans l'eau. Celles des moitiés de tige ainsi obtenues qui portent une feuille au sommet forment des

racines et point de bourgeons; celles qui ne portent point de
feuille forment des bourgeons et pas de racines (des racines s'y
forment d'ailleurs, mais plus tard). Les 6 demi-tiges qui portaient
des feuilles et qui pesaient ensemble à l'état sec 1ᵍʳ,557 ont

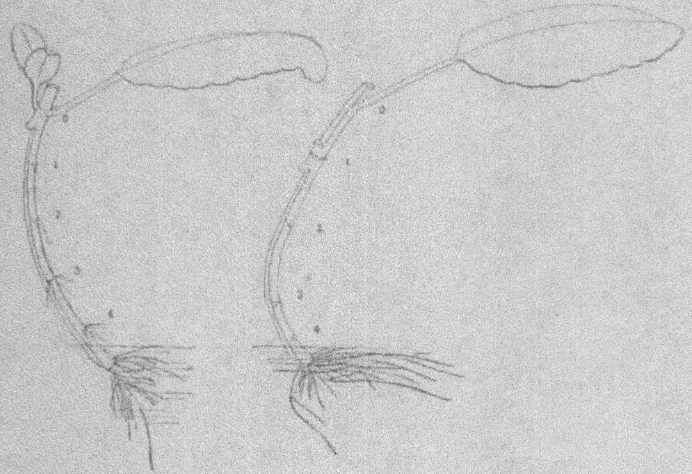

Fig. 94. — A gauche de la figure, on a enlevé la moitié de la tige sauf
une petite partie, en face de la feuille laissée au sommet : il s'y développe un bourgeon; à droite, on a encore enlevé la moitié de la tige
à l'exception d'un petit segment, mais placé à la hauteur du nœud
au-dessous de la feuille du sommet; aucun bourgeon ne s'y forme.
(Expérience du 2 au 23 octobre 1923.)

produit en tout 33ᵐᵍ de bourgeons pendant les 3 semaines qu'a
duré l'expérience; soit 20ᵐᵍ de bourgeon sec par gramme de
feuille sèche.

Dans la figure 94 (à gauche) la moitié de la tige a été enlevée
au-dessous du nœud supérieur (marqué 0); dans ce cas il se
forme un bourgeon à l'opposé de la feuille; l'expérience a porté
sur 6 tiges et le poids total des bourgeons développés a été de
234ᵐᵍ pour un poids sec total des 6 feuilles égal à 2ᵍʳ,183. On a

admis que les bourgeons se sont formés uniquement avec de la matière fournie par la feuille (ce qui n'est peut être pas très exact). Un gramme de feuille a donc produit 107^{mg} de bourgeon au nœud o. Dans la même figure 94 (à droite), on a représenté une tige fendue de telle manière qu'elle demeure intacte à la hau-

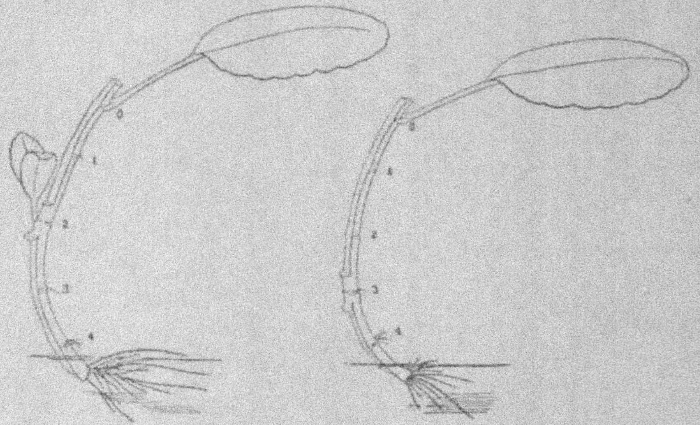

Fig. 95. — Comme dans la figure précédente, on a enlevé la moitié des tiges, sauf un petit segment : à gauche, ce segment est placé à la hauteur du deuxième nœud au-dessous de la feuille, et un bourgeon s'y développe; à droite, il est placé en face du troisième nœud au-dessous de la feuille, et l'on ne voit aucun développement. (Expérience du 2 au 23 octobre 1923.)

teur du premier nœud au-dessous de la feuille (marqué 1). Dans ce cas, il n'y a pas développement de bourgeons, comme on pouvait le prévoir d'après ce qui a été dit, les deux boutons du nœud étant placés sur le trajet de la sève qui descend de la feuille.

Dans la figure 95 (à gauche), on voit une tige dont la moitié en long a été supprimée à l'exception d'un petit segment à la hauteur du second nœud au-dessous de la feuille (marqué 2) : à ce nœud croît un bourgeon; le poids total sec de 6 bourgeons ainsi produits sur autant de tiges n'était que de 130^{mg}, le poids total des 6 feuilles au sommet étant de 2^g,465, ce qui fait 56^{mg} seulement de bourgeon pour 1^g de feuille sèche. Dans la même figure (à droite), le troisième nœud n'a pas produit de bourgeon comme on pouvait le prévoir, mais le quatrième nœud en

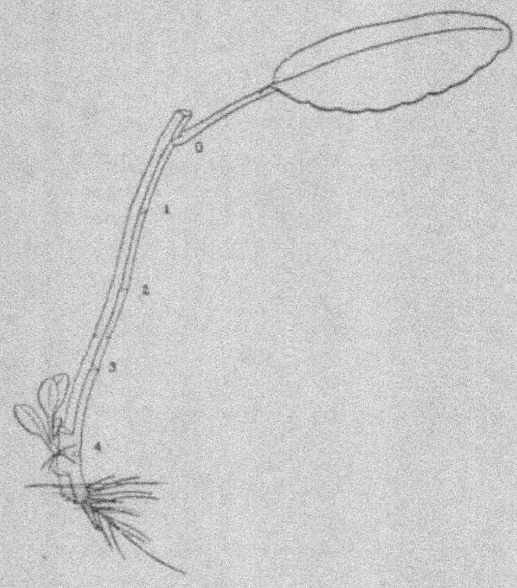

Fig. 96. — Même expérience que dans les deux figures précédentes; le petit segment qu'on laisse subsister est à la hauteur du quatrième nœud au-dessous de la feuille et il s'y développe un bourgeon.

donne dans la tige de la figure 96 et le poids sec total de ces bourgeons est de 88^{mg} pour 2^g,451 de feuilles sèches, ce qui fait 36^{mg} de bourgeon par gramme de feuille sèche. Si nous admettons qu'il soit possible que la sève ascendante de la tige fournisse une partie de la matière de ces bourgeons et si nous calculons l'effet produit en partant de ce qu'un gramme de poids sec de bourgeon déjà développé sans feuille produit 20^{mg} de nouveau bourgeon (sec), les chiffres absolus indiqués pour la matière que la feuille fournit au développement des bourgeons peuvent se trouver légèrement diminués, mais les valeurs relatives ne sont guère modifiées et le résultat principal reste le même; la matière fournie par une feuille placée au sommet de la tige pour la formation de bourgeons est d'autant moins abondante que la sève a un plus grand parcours à effectuer en descendant de l'une à l'autre. Les rapports sont les suivants:

TABLEAU XXIV.

1ᵉ de feuille au sommet produit 107^{mg} de bourgeon (poids sec) au nœud o

1	»	»	56	»	»	»	2
1	»	»	36	»	»	»	4

L'explication la plus simple qu'on puisse donner de cette différence paraît être que, dans les tiges jeunes qui sont justement en état de croissance vigoureuse, la matière contenue dans la sève descendante se trouve retardée ou employée dans la tige même (par exemple pour son accroissement), et, pour cette raison, la matière que la sève qui descend de la feuille supérieure peut fournir au développement des bourgeons diminue lorsque croît la distance entre la feuille et leur point de naissance.

Lorsqu'on fait l'expérience inverse, c'est-à-dire lorsqu'on étudie l'influence d'une feuille placée à la base de la tige sur la formation de bourgeons à son sommet, on n'observe point une diminution semblable avec la distance entre la feuille et ce sommet, peut-être même est-ce le contraire qui arrive, c'est-à-dire que la masse du bourgeon formé au sommet croît avec la distance entre les points d'insertion du bourgeon et de la feuille. Les figures 97 à 99 représentent les résultats de ces expériences; les tiges figurées ont été fendues en long à l'exception de la région proche du nœud auquel s'attache la feuille. Ce nœud était selon les cas le quatrième (*fig.* 97), le second (*fig.* 98) ou le premier à partir du sommet (*fig.* 99), cas qui correspond à l'expérience précédente; les résultats obtenus sont représentés dans le Tableau XXIV *bis.*

TABLEAU XXIV *bis*.

1 de feuille sèche au quatrième nœud donne 147^{mg} de bourgeon au sommet (poids sec)
1   »   deuxième   »   »   111   »   »
1   »   au nœud supér^r »   83   »   »

Le poids sec des tiges était dans l'ordre indiqué par le tableau

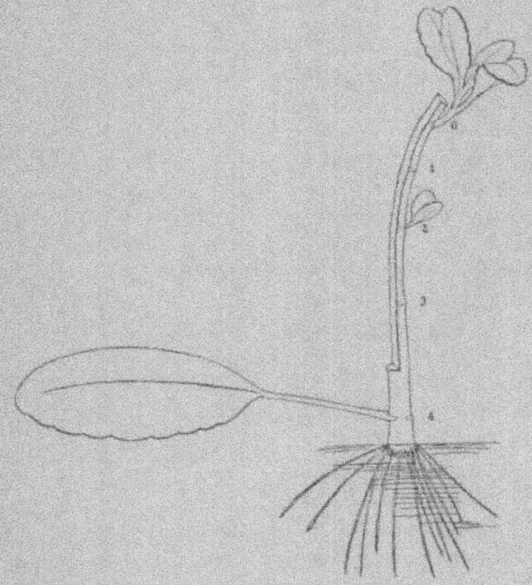

Fig. 97. — Tige fendue en long presque jusqu'au bas et portaht une
feuille à la base du côté qui a été presque entièrement supprimé :
il se développe de l'autre côté des bourgeons aux deux nœuds de rang
pair au-dessus de la feuille. (Expérience du 13 novembre au 5 décembre 1923.)

respectivement $3^g,209$, $2^g,610$ et $2^g,897$; l'expérience a duré
23 jours; il peut y avoir quelque incertitude sur les valeurs

absolues, mais le résultat principal de ces expériences est acquis; la contribution d'une feuille de base au développement

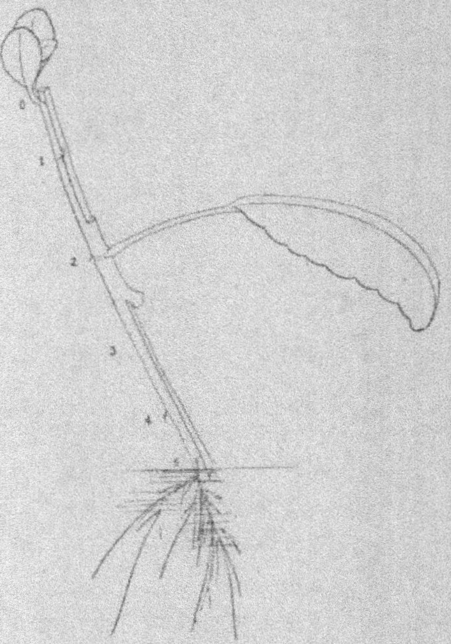

Fig. 98. — Expérience semblable à celle de la figure précédente, la feuille se trouvant toutefois ici au milieu de la hauteur de la tige; il ne se développe de bourgeons qu'au seul nœud de rang pair placé plus haut que la feuille.

de bourgeons placés au sommet ne diminue pas avec la distance qui les sépare, elle croîtrait plutôt.

Nous admettrons que l'influence du deuxième ordre qui s'oppose au développement et qu'on a étudiée dans ce Chapitre est encore due à la sève qui descend de la feuille placée au sommet de la tige, mais tandis que l'arrêt est presque absolu sur le trajet direct de la sève descendante celui qui se produit hors

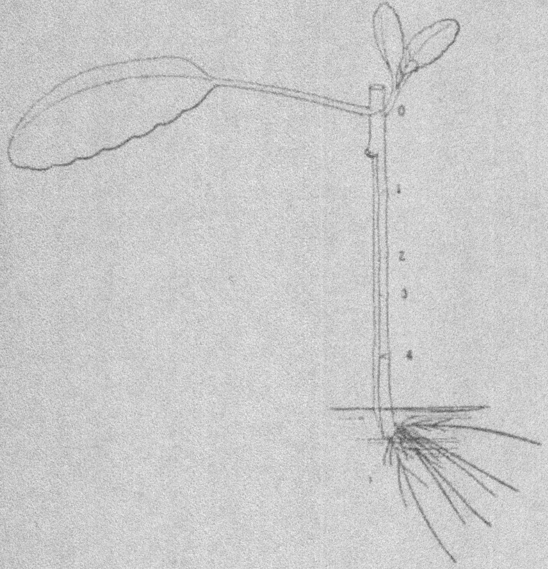

Fig. 99. — Même expérience que les deux précédentes, la feuille étant
au nœud supérieur de la tige; seul se développe le bourgeon axillaire
opposé à la feuille.

de ce trajet n'apparaît qu'au bout d'un certain temps et ne
détermine qu'une faible diminution de développement des
bourgeons.

———

CHAPITRE XV.

COMMENT UNE FEUILLE PLACÉE AU SOMMET D'UNE TIGE SUSPENDUE
HORIZONTALEMENT ARRÊTE LE DÉVELOPPEMENT DES BOURGEONS.

L'explication que l'on a donnée dans les Chapitres XII et XIII
de l'arrêt complet ou partiel du développement des bourgeons

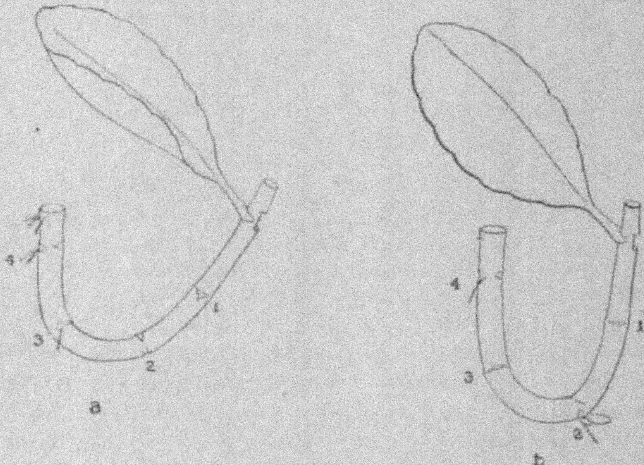

Fig. 100. — Tiges placées d'abord horizontalement avec une feuille sur
leur côté supérieur; il ne se développe pas de bourgeon, ou seulement
au deuxième nœud vers la base à partir de la feuille et du côté inférieur. (Expérience du 16 mars au 3 avril.)

sous l'influence d'une feuille placée au sommet d'une tige jeune
est incomplète en ce qu'elle ne tient compte que des phénomènes qui se manifestent lorsque la tige est suspendue verticalement en position normale. Lorsqu'une tige est placée horizon-

talement et ne possède qu'une seule feuille à son sommet, les
phénomènes d'arrêt varient suivant que la feuille se trouve du
côté de la tige placé au-dessus ou au-dessous. C'est ce que l'on
voit dans les figures 100 et 101. Les quatre tiges dont on s'est servi
dans les expériences correspondantes et qui étaient d'abord
parfaitement droites ont été suspendues dans l'air humide. Les
deux premières de ces tiges, celles de la figure 100, portaient une

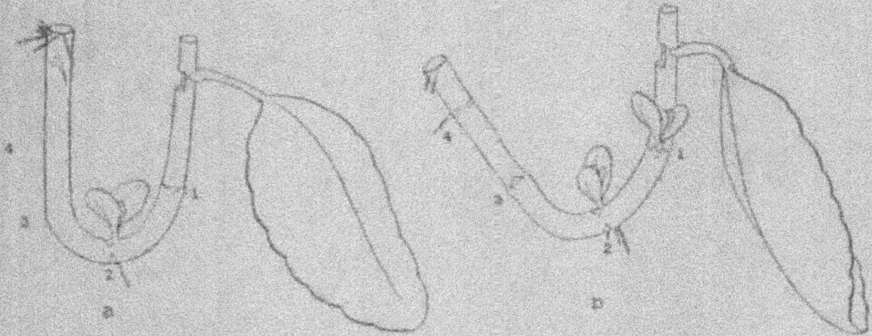

Fig. 101. — Tiges disposées horizontalement comme les précédentes. La feuille
étant placée cette fois du côté inférieur, il se forme un bourgeon au
second nœud vers la base du côté supérieur, ou à la fois au premier nœud
et au deuxième, mais celui-ci toujours du côté supérieur seulement.

feuille à leur sommet et du côté de la tige placé au-dessus,
tandis que les deux tiges de la figure 101, également pourvues
d'une feuille au sommet, la portaient du côté placé au-dessous;
dans tous les cas, l'ébauche du bourgeon au sommet opposé
à la feuille avait été enlevée. Toutes les feuilles étaient de
grande taille. Pendant le temps de l'expérience (du 16 mars
au 3 avril 1923), les tiges ont subi une courbure géotropique;
elles se sont courbées en U, leur concavité vers le haut.

Celles dont les feuilles étaient au-dessous (fig. 101) ont donné
naissance à un bourgeon au second nœud à partir de la feuille
en allant vers la base et du côté supérieur de la tige; c'est ce
qu'on pouvait prévoir, puisque ainsi le bourgeon est du côté
opposé à la feuille; c'était ce qui se produisait également quand
la tige était en position verticale; mais il y a aussi des tiges

qui ont formé en même temps, ou même à l'exclusion du précédent, des bourgeons au premier nœud vers la base à partir de la feuille, et ceci est différent de ce qui se produit dans une tige placée verticalement; il ne se forme alors en effet aucun bourgeon au premier nœud, tant au moins que la feuille n'est pas trop petite et que la tige est suffisamment jeune.

Lorsque la tige porte sa feuille au sommet du côté supérieur (*fig.* 100), les résultats obtenus sont encore beaucoup plus frappants. Dans ce cas, la tige ne forme quelquefois pas de bourgeon du tout, ou si elle en forme, ce n'est qu'assez tardivement. Les bourgeons se forment alors au second nœud vers la base à partir de la feuille et cette fois au-dessous de la tige, c'est-à-dire encore du côté opposé à la feuille.

Il n'est pas difficile d'interpréter ce résultat en admettant qu'il y a deux chemins que peut suivre l'écoulement du liquide dans la tige: l'un à travers le système des vaisseaux, l'autre à travers les lacunes des tissus. Comme on l'a déjà indiqué, c'est surtout le liquide répandu dans ces lacunes qui subit l'influence de la pesanteur et se rassemble dans la région la plus basse d'une tige ou d'une feuille. La sève qui s'écoule à travers le système régulier des vaisseaux ne modifie au contraire que peu ou pas son trajet sous l'influence de la pesanteur; les vaisseaux par lesquelles elle descend se trouvent du même côté que la feuille. Si nous nous rappelons que la sève qui descend d'une feuille empêche le développement de bourgeons sur son trajet, nous arrivons à comprendre le résultat représenté dans les figures 100 et 101.

Dans la figure 101, le suc des tissus irait vers le côté le plus bas de la tige, et c'est aussi de ce côté que chemine la sève qui descend de la feuille le long du système des vaisseaux, puisque la feuille se trouve du côté inférieur de la tige. Par suite, il ne se développe aucun bourgeon du côté inférieur des deux tiges qu'on voit dans cette figure, mais on peut y constater la formation de racines de ce même côté et, dans les deux cas, au second et au quatrième nœud vers la base à partir de la feuille. Ce sont les nœuds pour lesquels l'arrêt de développement des bourgeons est le plus complet. De vieilles tiges ne portant qu'une seule feuille à leur partie supérieure, et suspendues verticalement, peuvent former des bourgeons au premier nœud au-dessous de la feuille, mais elles n'en peuvent former au second nœud que du côté opposé à la feuille, jamais du même côté qu'elle. L'ébauche des bourgeons au second et au quatrième nœud du côté où se trouve la feuille est en effet placée juste au milieu du chemin de la sève qui descend de cette feuille et par suite c'est là que l'arrêt de développement des bourgeons est le plus prononcé. Comme le montre la figure 101, c'est au second et au quatrième nœud vers la base à partir de la feuille et au nœud même où elle se trouve que la production des racines est le plus favorisée ; il est naturel d'établir une corrélation entre ces deux faits.

Il nous reste maintenant à savoir pourquoi des bourgeons se développent plus aisément au premier nœud vers la base à partir de la feuille lorsque cette feuille est du côté inférieur de la tige mise en position horizontale que lorsque la tige est suspendue verticalement en position normale. On peut s'en rendre compte en examinant la figure 70 du Chapitre XII qui montre le trajet de la sève descendant d'une feuille ; les deux ébauches de bourgeons au premier nœud vers la base à partir de la feuille se trouvent à la limite extérieure du courant descendant de la feuille ; lorsque la tige est en position verticale et normale, les deux ébauches de bourgeons au premier nœud au-dessous de la feuille sont baignées dans le suc des tissus qui s'échappe des vaisseaux par où s'écoule le courant de sève qui vient de la feuille. Lorsque la tige est placée horizontalement, une partie de ce liquide peut tomber plus bas, ce qui permet au bouton placé au premier nœud sous la feuille d'échapper à un arrêt total de développement.

Cette explication est d'accord avec les résultats de l'expérience représentée par la figure 100 dans laquelle la feuille du sommet de la tige suspendue horizontalement est dirigée vers le haut ; dans ce cas, l'arrêt se produit en haut et en bas. Du côté supérieur (concave) de la tige, il ne se développe pas de bourgeons puisque c'est le côté par où s'écoule la sève qui descend de la feuille, et du côté opposé, le même développement est empêché par le rassemblement du suc lacunaire ; cet arrêt de développement des bourgeons sous l'influence du suc des tissus est toutefois moins complet que celui que détermine le liquide coulant dans le système régulier des vaisseaux, la sève descendante.

Un peu de lumière a été jeté sur le caractère de l'arrêt qu'une feuille placée au sommet d'une tige impose au développement des bourgeons dans les parties placées au-dessous par le fait que

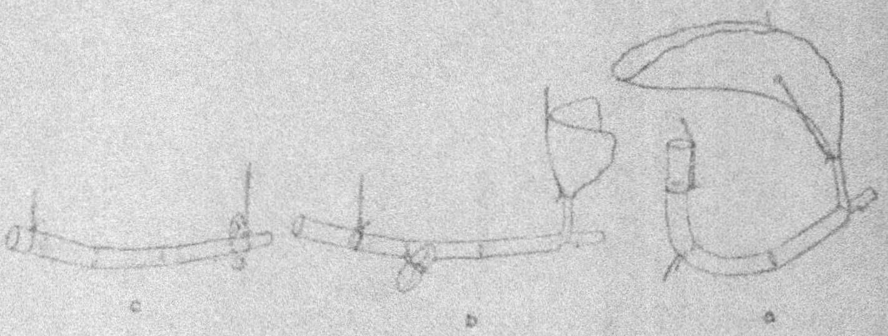

Fig. 102. — Sur la tige *a* qui porte une feuille entière à son sommet, aucun bourgeon ne se développe du 25 avril au 16 mai 1923. Sur la tige *b* dont la feuille a été réduite au tiers, il se développe un bourgeon au deuxième nœud au-dessous de la feuille; il s'en développe aussi sur la tige *c* qui n'a pas de feuille.

la feuille empêche tout d'abord le développement du bourgeon placé du côté de la tige qui lui est opposé, mais que plus tard elle l'accroît en raison de sa masse.

De jeunes tiges de *Bryophyllum* dont chacune portait 4 nœuds ont été suspendues horizontalement dans l'air; il y avait une série de ces tiges qui portaient au sommet une grande feuille du côté placé en haut (*fig.* 102, *a*) et une autre série (102, *b*) dont la feuille, placée de même, était de taille réduite au tiers de la précédente; dans une troisième série (*fig.* 102, *c*) les tiges n'avaient pas de feuille; en *a* et en *b*, l'ébauche du bourgeon opposé à la feuille avait été enlevée; le dessin représente l'expérience au 15ᵉ jour : aucune des tiges qui portaient une grande feuille (*fig.* 102, *a*) n'a développé de bourgeon, rien seulement qu'une racine du côté inférieur du second nœud; 3 des 4 tiges à feuille réduite (*fig.* 102, *b*) ont formé chacune un bourgeon du côté inférieur de la tige, c'est-à-dire du côté opposé à la feuille et 3 des 4 tiges sans feuille ont développé des bourgeons à leur sommet. Ainsi une large feuille placée au sommet d'une tige retarde tout d'abord le développement des bourgeons plus qu'une feuille réduite, et si sur une tige on supprime toute feuille, rien n'entrave plus le développement des bourgeons.

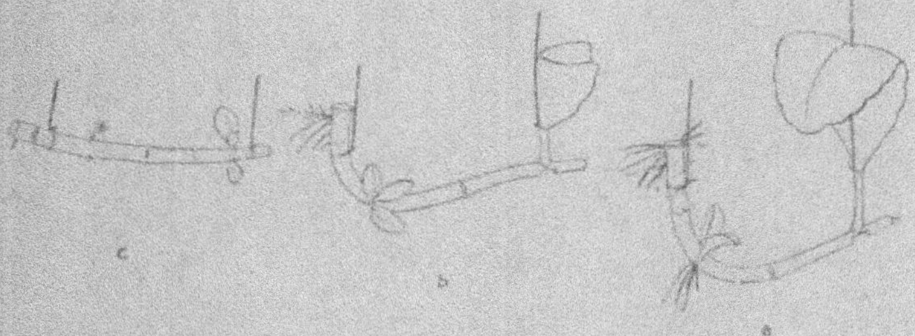

Fig. 103. — Mêmes tiges que dans la figure 102, 13 jours plus tard (23 mai); la tige *a* porte maintenant un bourgeon de grande taille.

La figure 103 a été dessinée 13 jours plus tard; dans cet intervalle de temps, les résultats s'étaient complètement modifiés; non seulement les tiges à feuille entière (*a*) avaient développé un bourgeon (au second nœud vers la base à partir de la feuille et du côté opposé), mais son développement avait été si rapide qu'il était au moins égal au bourgeon de la tige *b* et probablement dépassait en masse les deux bourgeons de la tige *c*.

Six jours plus tard encore, c'est-à-dire le 34e jour de l'expérience, l'état des choses est représenté par la figure 104; la masse de bourgeons formés dans les 3 séries de tiges varie alors comme la masse de la feuille au sommet; les tiges *a* qui portent la plus grande feuille ont aussi le bourgeon le plus grand et les tiges *c* sans feuille ont les plus petits. L'arrêt de développement sous l'influence d'une feuille au sommet ne se manifeste donc qu'au début de l'expérience; lorsque celle-ci dure assez longtemps,

la loi des masses se trouve de nouveau régir le phénomène; ce
n'est pas là un résultat observé seulement sur les tiges que
représentent les figures 102 à 104; on l'obtient régulièrement
et il n'est pas compatible avec l'idée que lorsqu'une feuille placée
au sommet de la tige arrête d'abord le développement des bourgeons, c'est grâce à une hormone, car comment expliquer alors
que le bourgeon de *a* finisse par acquérir une masse supérieure
à celle des bourgeons de *b* et de *c* ?

On observe des phénomènes d'arrêt semblables (du second

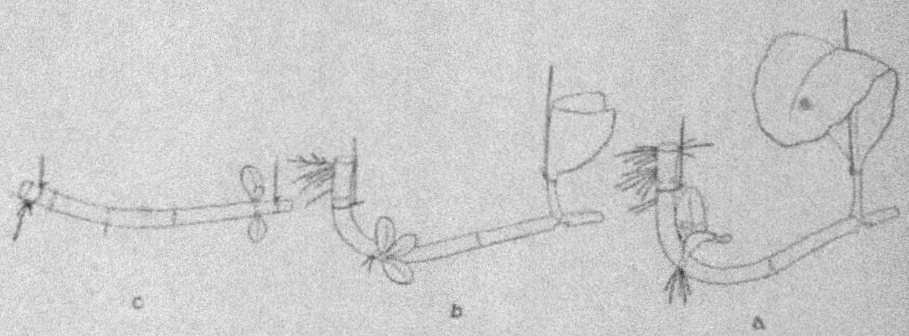

Fig. 104. — Mêmes tiges que dans les figures 102 et 103, 19 jours plus tard
que dans la première figure (29 mai). Le bourgeon de *a* est maintenant
égal à celui de *b*.

ordre) lorsque les feuilles se trouvent au-dessous de la tige;
on a par exemple suspendu horizontalement 2 tiges (*fig* .105, *a*
et *b*) dont les feuilles plongent dans l'eau; la tige *b* porte une
feuille de grande taille; celle de *a* a été fortement réduite; la
formation de bourgeons commence un peu plus tôt en *a* qu'en *b*
(le dessin est fait le huitième jour). Cinq jours plus tard, c'est-
à-dire le 13e jour de l'expérience, le bourgeon de la tige à grande
feuille dépasse en masse les bourgeons de la tige à petite feuille
(*fig.* 106). Au 33e jour, l'expérience fut interrompue et l'on
détermina les poids secs des feuilles, des bourgeons et des tiges.
Dans cette expérience, on s'est servi de deux séries de 5 tiges
chacune; le poids sec de 5 feuilles entières (*b* et *b₁* des figures 90
et 91) était de 1g,258 et leurs tiges ont produit au total 370mg de

bourgeons, soit 293^{mg} pour 1^g de feuille; le poids sec total des 6 feuilles réduites (a et a_1 des mêmes figures) était de 0^g,328; les tiges de cette série n'ont fourni que 111^{mg} de bourgeons; soit 337^{mg} de bourgeon sec pour 1^g de feuille sèche, ce qui n'est pas loin du nombre que ferait prévoir la loi des masses.

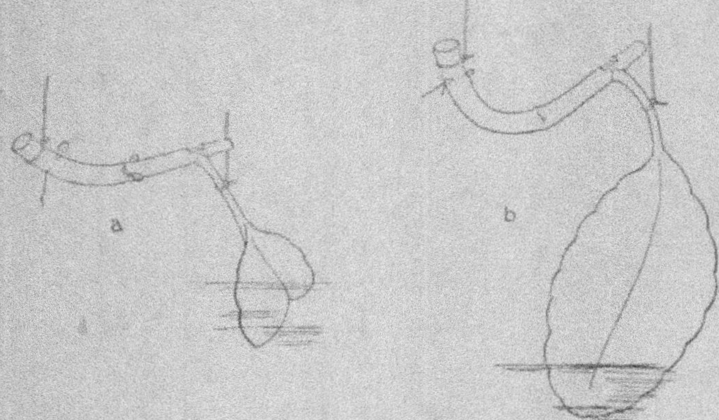

Fig. 105. — Tiges horizontales portant une feuille sur le côté inférieur. La tige b dont la feuille est entière n'a pas encore commencé à développer ses bourgeons, alors que la tige a dont la feuille a été réduite en porte déjà. (Expérience du 16 au 24 mai 1923.)

Si nous nous demandons comment la feuille au sommet, si elle est de taille suffisante, peut empêcher, de façon d'ailleurs transitoire, la formation de bourgeons du côté de la tige qui lui est opposé, nous ne pouvons que supposer que ce fait est en relation avec l'accroissement des tissus de la tige. L'arrêt de développement doit-il être rattaché à ce que la croissance qui produit la courbure géotropique de la tige précède celle qui est liée à la régénération ? On voudra bien remarquer que cette courbure croit avec la masse de la feuille au sommet et que la différence de cette courbure est plus marquée au début qu'ultérieurement. Il n'est pas impossible que cette croissance dans la tige puisse

déterminer indirectement l'arrêt de croissance des bourgeons ;
le fait capital est que ces actions inhibitrices de second ordre
ne se manifestent qu'au début.

Si nous nous efforçons d'expliquer tous ces phénomènes d'arrêt
de développement du premier et du second ordre d'accord avec
la théorie à laquelle nous sommes arrivés en ce qui concerne le

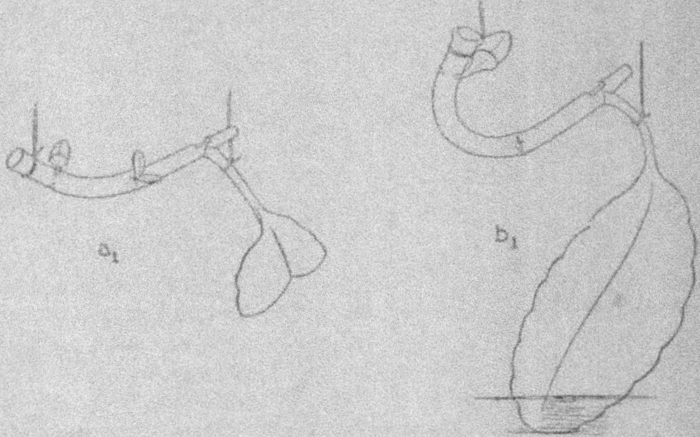

Fig. 106. — Mêmes tiges que dans la figure précédente, 5 jours plus
tard (99 mai). La tige b_1 à feuille entière a pendant ce temps rapidement développé sur son côté supérieur un bourgeon qui est devenu
plus grand que ceux de la tige a_1.

caractère polaire de la régénération, nous devons admettre que
la croissance de la tige que détermine la sève descendant d'une
feuille amène un retard ou un arrêt complet de la croissance des
bourgeons dans la partie inférieure de la tige. Sur le chemin
direct de ce liquide, l'arrêt est plus complet (inhibition de premier ordre) ; hors de ce chemin, il est moindre, mais encore appréciable sous forme d'un retard temporaire du développement des
bourgeons (inhibition de second ordre). Lorsque la tige porte
au sommet une feuille de taille réduite, son accroissement du
côté que suit le courant descendant sera moindre, et moindre

aussi sera en même temps l'influence qui arrête le développement des bourgeons (action de premier et de second ordre). Cette hypothèse explique qualitativement les arrêts ou les retards de développement aussi bien que l'hypothèse d'une hormone et elle a l'avantage d'être d'accord avec la théorie de la polarité; mais il reste à expliquer comment l'accroissement dans la tige peut empêcher la croissance des bourgeons.

CHAPITRE XVI.

DÉVELOPPEMENT DES BOURGEONS AXILLAIRES.

Nous avons vu que, sur une tige entièrement privée de feuilles, une paire de bourgeons se développe au nœud le plus élevé. Les ébauches de chacun de ces bourgeons se placent à l'aisselle d'une feuille. Si on laisse subsister deux feuilles au sommet d'une tige et qu'on enlève toutes les autres, les bourgeons ne se forment pas à l'aisselle des deux feuilles qui subsistent, mais au nœud placé au-dessous, si cette tige est âgée. Si, au contraire, la tige ainsi traitée est jeune, il ne se développe aucun bourgeon dans toute l'étendue de la tige; mais il peut s'en former deux si les deux feuilles sont de taille suffisamment réduite (*fig.* 107), et non pas à l'aisselle des feuilles qui subsistent, mais au nœud placé au-dessous. Une feuille empêche donc la croissance de son bouton axillaire plus efficacement que celle d'une ébauche placée au-dessous, mais non peut-être plus efficacement que celle d'une ébauche placée au second nœud au-dessous d'elle et du côté de la tige où elle est insérée.

Il y a lieu de se demander alors dans quelles conditions il est possible d'amener un bourgeon à se développer à l'aisselle d'une feuille sans faire disparaître cette dernière; on peut y arriver en choisissant une feuille de grande taille et en ne lais-

sant en relation avec elle qu'un petit morceau de tige qui ne
contienne pas d'autre bouton que le bouton axillaire de la feuille.
Avec une feuille de plus petite taille, il arrive moins fréquemment
que le bourgeon axillaire se développe. Dans l'expérience repré-

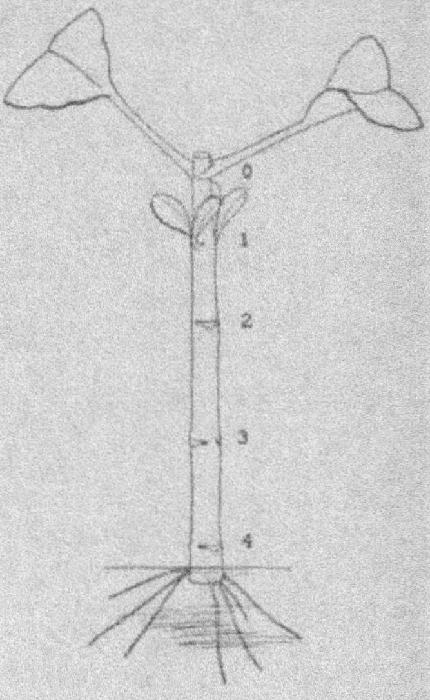

Fig. 107. — Jeune tige portant au sommet deux feuilles qu'on a réduites :
il se développe des bourgeons au premier nœud au-dessous des feuilles,
mais non à l'aisselle de ces feuilles. (Expérience du 18 novembre au
18 décembre 1923.)

sentée par la figure 108, on a fendu en long un petit segment de
tige portant un nœud avec une paire de feuilles ; l'une des feuilles
est restée entière, on a réduit la taille de l'autre. Ce n'est qu'à
l'aisselle de la grande feuille qu'un bourgeon s'est développé ;
cette expérience donne encore le même résultat lorsque les
feuilles sont partiellement immergées et les tiges placées dans
l'air.

Dans le cas qui vient d'être examiné, l'arrêt de croissance

Fig. 108. — Court segment de tige portant une grande feuille : le bourgeon axillaire se développe. Il ne se développe pas lorsque la feuille a été réduite. (Expérience du 15 novembre au 12 décembre.)

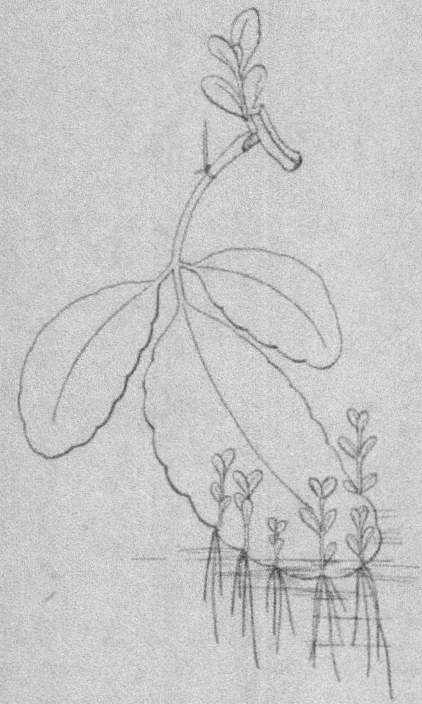

Fig. 109. — Le bourgeon axillaire d'une feuille se développe lorsque le pétiole a été réduit latéralement à son insertion sur la tige. (Expérience du 23 novembre au 15 décembre.)

des bourgeons ne peut être dû ni à une hormone d'arrêt rejetée par la feuille, ni à une augmentation de croissance de la tige sous l'influence de la feuille, puisque, dans l'un et l'autre cas,

Fig. 110. — Le bourgeon axillaire d'une feuille se développe lorsqu'on a fait un trou au centre du pétiole à son insertion sur la tige. (Expérience du 25 novembre au 15 décembre.)

l'arrêt de développement du bourgeon axillaire augmenterait avec la taille de la feuille.

Lorsque la tige est grande, il y a aussi moins de chance que le bourgeon axillaire se développe que lorsqu'elle est petite.

Dans les expériences du genre de celle que représente la figure 108, on ne peut compter avec certitude sur la croissance du bouton axillaire; il est cependant possible de l'obtenir à coup sûr si l'on diminue la taille du pétiole de la feuille là où il s'insère sur la tige. Peu importe que l'on enlève les parties latérales du pétiole en ce point d'insertion comme dans la figure 109 ou un morceau à son centre au même point, comme

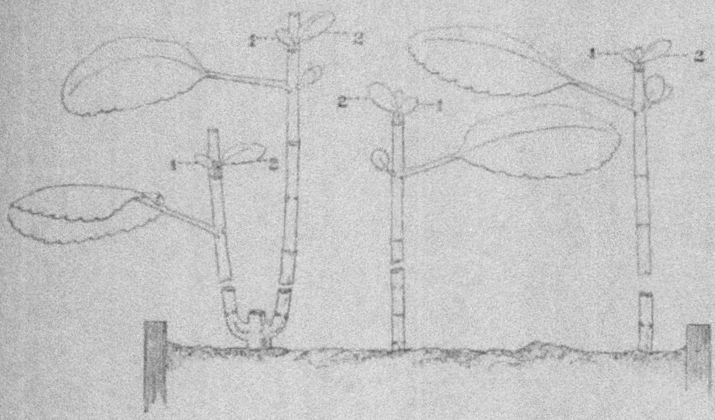

Fig. 111. — Action d'une feuille ancienne laissée sur la tige au premier nœud au-dessous du plus élevé; les deux feuilles 1 et 2 du nouveau bourgeon qui se développe au nœud supérieur, feuilles qui normalement seraient de même taille, sont toujours assez différentes. La feuille 1 qui se trouve du côté de la feuille ancienne est plus petite que la feuille opposée 2.

dans la figure 110. Dans l'un et l'autre cas, le bourgeon se développera à partir du bouton axillaire de la feuille, à condition que l'élément de demi-tige soit petit, comme dans les figures 109 et 110.

Est-ce le manque d'oxygène qui empêche le développement du bouton axillaire d'une feuille ou est-ce quelque autre cause ? L'auteur n'est pas capable de répondre pour le moment à cette question.

Il y aurait lieu de faire mention rapidement ici de quelques phénomènes de dissymétrie dans le développement des bourgeons

Fig. 112. — Au second nœud au-dessus de la feuille ancienne laissée sur la tige, la dissymétrie se manifeste dans la deuxième paire de feuilles du nouveau bourgeon formé, feuilles qui sont de taille inégale; celle qui porte le chiffre 1, et qui est du même côté que la feuille ancienne, est de plus petite taille que la feuille 2 qui occupe une position symétrique. (Expérience du 17 octobre au 13 novembre.)

au premier et au second nœud au-dessous de la feuille; pour observer ces phénomènes avec le plus de netteté possible, on met en pot les tiges dont on a enlevé le sommet et qu'on dépouille de toutes leurs feuilles à l'exception d'une seule placée au second ou au troisième nœud à partir du haut (*fig.* 111 et 112). Lorsque la feuille qui subsiste est au second nœud, les deux premières feuilles des bourgeons qui se développent au nœud supérieur ne sont pas de taille égale (comme il arrive normalement), mais celle de ces nouvelles petites feuilles qui est du même côté de la tige que la feuille ancienne reste toujours plus petite ou même disparaît complètement; dans la figure 111, cette jeune feuille plus petite est marquée du chiffre 1 et la plus grande du chiffre 2. Lorsque la feuille qui subsiste sur la tige est au troisième nœud en partant du haut, c'est la seconde paire de petites feuilles des nouveaux bourgeons qui montre la même dissymétrie (*fig.* 112); cette dissymétrie disparaît lorsque la feuille ancienne est de taille assez petite pour que la sève qu'elle fournit soit en quantité négligeable en comparaison de celle qui est fournie par la tige. Il est possible que ces dissymétries soient le résultat d'un croisement des vaisseaux que suit la sève qui monte vers le nœud, de sorte que la nouvelle petite feuille placée du côté opposé à la grande feuille primitive reçoive plus de sève que l'autre.

CHAPITRE XVII.

QUELQUES EXPÉRIENCES PRÉLIMINAIRES SUR LE CHEMIN SUIVI PAR LA SÈVE ASCENDANTE ET DESCENDANTE DANS UNE TIGE DE « BRYOPHYLLUM ».

Nos expériences sur la polarité de la régénération dans la tige de *Bryophyllum* nous ont amené à penser que cette polarité ne tient pas à des différences chimiques entre la sève ascendante et descendante, différences qui d'ailleurs existent très probablement,

supérieur développe ses bourgeons; la formation de ces organes
se trouve au contraire empêchée dans le nœud le plus bas; il ne
se forme de racines qu'à la base; les tiges *b* et *c* qui ne portent
pas de feuilles (*fig.* 115) nous montrent que le développement
des bourgeons au sommet de *a* est dû à la sève qui monte de la

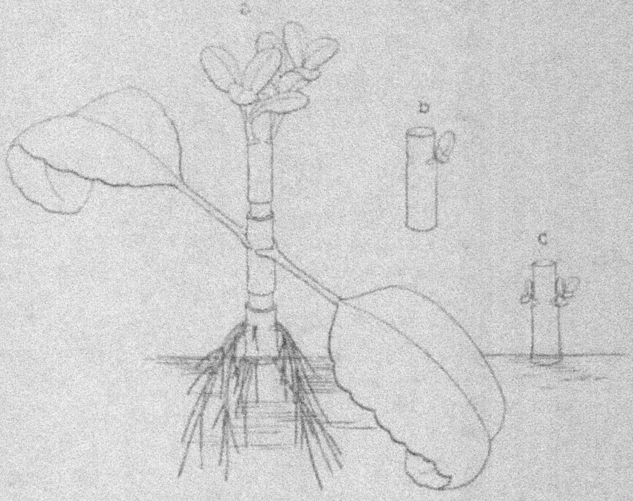

Fig. 115. — Expérience montrant que la sève ascendante et la sève
   descendante peuvent encore trouver leur chemin lorsqu'un enlève
   un anneau d'écorce.

feuille; la tige *b* était suspendue dans l'air et *c* était immergée;
toutes deux n'ont formé que de maigres bourgeons. Les tiges *b*
et *c* n'ayant pas formé de racines, nous voyons que leur formation à la base de *a* est due à la sève descendant de la feuille;
ces expériences qui aboutissent toutes à la même conclusion
montrent que la sève ascendante et la sève descendante venant
d'une feuille peuvent se mouvoir à travers la tige, même lorsque
toute l'écorce a été enlevée; ce n'est que la vitesse de régéné-

ration qui se trouve alors diminuée. L'expérience ci-dessus
a duré du 26 octobre au 15 novembre 1923.

Ces expériences ne sont pas en contradiction avec l'idée
émise que la sève ascendante et la sève descendante atteignent
tout d'abord différentes sortes de tissus; elles montrent seulement que la différence ainsi admise ne peut être, si elle existe
démontrée par des recherches de ce genre.

CHAPITRE XVIII.

FORMATION DES FLEURS DE « BRYOPHYLLUM »

Les plantes qui aux Bermudes croissent à l'air libre diffèrent
à deux égards de celles qu'on garde en serre à New-York. En
pleine terre, aux Bermudes, les plantes fleurissent toutes en
février ou mars; elles ont à ce moment une quantité considérable de pigment pourpre (anthocyanine ?). Ce n'est que dans
des endroits très ombragés que j'ai trouvé aux Bermudes des
plantes non fleuries et ne possédant que peu ou pas de pigment
pourpre. C'étaient des plantes qui, si ma mémoire est fidèle,
n'étaient pas du tout ou n'étaient qu'exceptionnellement atteintes
par la lumière directe du soleil.

Les plantes de ma serre n'ont, à quelques exceptions près,
pas donné de fleurs et elles ne possèdent que peu de pigment
pourpre. Les quelques plantes qui ont fleuri se trouvaient dans
les parties de la serre les plus ensoleillées; il n'est pas impossible que ces quelques plantes aient été pendant de courtes
périodes éclairées par la lumière directe du soleil qui les atteignait par une vitre ouverte, sans que ses rayons aient été filtrés
à travers les vitres qui couvrent l'aquarium. Il est d'ailleurs
très probable que si mes plantes n'ont pas fleuri, cela tenait à

un manque relatif de lumière et peut-être à un manque d'ultra-violet.

Sachs [1] a publié en 1886 un mémoire où il s'est efforcé de montrer que l'ultraviolet est nécessaire à la floraison; il avait indiqué dans des mémoires antérieurs qu'il peut se former des fleurs au sommet d'une plante de *Tropaeolum majus*, même lorsque ce sommet est gardé à l'obscurité pourvu que les feuilles de la plante aient été fortement insolées; cette observation a été la base de son hypothèse relative à la formation de substances spécifiques ou formatrices d'organes qui sont transportées par la sève après avoir été élaborées dans la feuille.

CHAPITRE XIX.

REMARQUES FINALES.

En écrivant ce petit Livre, on s'est proposé de montrer qu'on peut se servir d'une simple relation de masses comme guide à travers l'amas confus des phénomènes de régénération. Cette relation de masses nous dit que des quantités égales de feuilles opposées prises isolément produisent dans les mêmes conditions d'éclairement, de température, etc., des masses à peu près égales de racines et de bourgeons dans des temps égaux. Cette relation nous a permis d'expliquer comment en détachant une feuille on détermine des phénomènes de régénération; la matière assi-milable alors gardée par la feuille pour cette croissance s'écou-lerait en effet normalement dans la tige où elle servirait à la formation de racines, de bourgeons et à l'accroissement de la tige elle-même. Lorsque l'adhérence d'un segment de tige

---

[1] Sachs, J. *Arbeiten des botanischen Instituts in Würzburg*, vol. III. p. 372. Leipzig, 1888.

empêche la régénération de se produire dans la feuille, cette tige gagne en poids sec une quantité à peu près égale à la diminution du poids sec des racines et des bourgeons que produirait la feuille. On a vu que cette relation de masses s'applique encore au développement de racines et de bourgeons dans un segment isolé de tige. Des masses égales de tige produisent, dans des conditions semblables d'éclairement, de température, etc., à peu près les mêmes masses de racines et de bourgeons dans des temps égaux.

Dans les deux cas, il s'est révélé qu'un second facteur physiologique devait être pris en considération, à savoir que le flux de sève dans une feuille ou dans une tige est secondairement dirigé vers la partie de la feuille ou de la tige où se produit le plus rapide développement de racines et de bourgeons. Ceci fait comprendre pourquoi il n'y a qu'une partie des ébauches de racines et de bourgeons qui, dans une tige ou une feuille, continue à croître alors que toutes les autres s'arrêtent ; ceci serait resté à l'état d'hypothèse s'il n'avait été possible d'en donner une démonstration quantitative en s'appuyant sur la relation de masses.

Une autre complication est venue du caractère polaire de la régénération des racines et des bourgeons dans la tige de *Bryophyllum*. Pour expliquer ce phénomène, on se trouve en présence de deux hypothèses : Le caractère polaire de la régénération dans la tige pourrait être attribué ou à une différence des propriétés chimiques de la sève ascendante et de la sève descendante ou à une différence de nature des cellules ou de l'ébauche que rencontre tout d'abord le liquide ascendant ou descendant ; on a pu, en se servant de la relation de masses, choisir entre ces deux hypothèses du fait que la quantité qui se forme de bourgeons et de racines dans un segment de tige croît avec la masse de la feuille que porte cette tige. Dans la feuille, d'une part, la sève forme des bourgeons et des racines en un même point (sur un cran de la feuille) où existent côte à côte les ébauches de ces deux organes. Au contraire, dans une tige, les bourgeons se développent à une extrémité et les racines à l'autre, ce qui indique que les sèves ascendante et descendante venant de la feuille rencontrent tout d'abord des ébauches différentes ; cette conclusion se trouve d'ailleurs corroborée par deux groupes de faits : 1° Si l'on dirige en s'aidant de la pesanteur la sève qui monte dans une tige vers les tissus capables de donner naissance à des racines, cette sève ascendante produit en abondance des racines. 2° La quantité de bourgeons qui se produit à l'extrémité inférieure d'une tige croît en même temps que la masse de la feuille attachée au sommet : ces deux ordres de faits semblent écarter l'idée que le caractère polaire de la régénération soit dû à quelque différence chimique entre la sève qui monte et celle qui descend, ce qui n'exclut pas d'ailleurs qu'il puisse exister des différences de cette nature entre ces liquides.

Certaines substances mal connues, telles que les vitamines ou les hormones, peuvent accélérer la vitesse de croissance d'un organe et par suite peut-être aussi la vitesse de la régénération. Ceci n'est contradictoire ni avec la relation de masses, ni avec son application au phénomène de régénération ; la sève qui sort de la feuille contient probablement toutes les substances nécessaires à la croissance, y compris les vitamines et les hormones.

Il est tout à fait probable que le principe de la relation de masses pourrait servir de guide dans l'étude des phénomènes de régénération pour d'autres organismes que le *Bryophyllum*. Pour nous servir de ce principe, il faut que nous puissions mesurer avec une certaine exactitude la quantité de matière utilisable dans les processus synthétiques qui sont à la base de la régénération ; cela est possible avec les plantes où la feuille est l'organe essentiel de production de cette matière, et pour lesquelles la lumière est la source fondamentale de l'énergie employée à cette production. Cela est encore possible là où il existe des quantités connues de matière emmagasinée, comme par exemple dans la pomme de terre et où par suite la quantité de matière utilisable pour la régénération peut être modifiée à volonté. Malheureusement il n'est pas facile de contrôler la quantité de matière utilisable pour la régénération chez les animaux ; la matière à partir de laquelle se construisent chez eux de nouveaux organes doit être fournie soit par la nourriture qu'ils absorbent, soit par l'hydrolyse de la matière des cellules de l'organisme même.

Tous les efforts que l'on peut faire pour arriver à une théorie
rationnelle de la régénération chez les animaux doivent porter
sur des organismes où la masse de matières utilisables pour la
régénération puisse être connue aussi facilement qu'elle l'est
dans le cas du *Bryophyllum*.

On avait toujours indiqué que la pesanteur possède une
grande influence sur la formation des organes dans les plantes,
et Sachs avait en particulier beaucoup insisté sur cette donnée.
On a présenté dans ce Livre une explication simple de cette
influence due tout d'abord à l'accumulation du suc des tissus
dans les parties les plus basses d'une feuille ou d'une tige qu'on
dispose horizontalement ; il en résulte une accélération de croissance qui peut d'ailleurs être faible, mais qui amène secondairement un flux de sève vers ces tissus en croissance plus rapide,
et rend du même coup impossible la croissance des tissus placés
sur le côté le plus élevé des organes végétaux considérés.

Il y a un contraste assez frappant entre l'influence considérable que la pesanteur exerce sur la disposition des organes dans
les plantes et le rôle assez effacé qu'elle joue à un point de vue
semblable chez les animaux. L'auteur a bien signalé l'influence
de la pesanteur sur la régénération des organes d'un hydroïde,
Antennularia antennina ([1]), mais c'est là un cas tout à fait
exceptionnel. J'ai souvent été étonné que la différence de struc-
ture des animaux et des plantes puisse déterminer une telle
différence dans l'influence de la pesanteur sur la formation des
organes. Si les vues qui ont été développées dans ce Livre sont
correctes, si l'influence de la pesanteur dépend bien de l'accumulation du suc des tissus dans les parties les plus basses d'une
tige ou d'une feuille, on pourra concevoir qu'une semblable
accumulation puisse être plus exceptionnelle chez les animaux
que chez les plantes. Une accumulation de suc des tissus capable
d'obéir à la pesanteur est connue chez les animaux dans les
conditions pathologiques de l'œdème, mais ne paraît exister

([1]) J. LOEB, *Untersuchungen zur physiologischen Morphologie
der Tiere*, t. II, 1891.

que de manière tout à fait exceptionnelle chez les animaux normaux. Là où on la rencontrerait, il semble que les conditions nécessaires à la manifestation de l'influence de la pesanteur sur la disposition des organes existeraient aussi.

On n'a rien dit dans ce petit Livre de certains points relatifs à la régénération dans le *Bryophyllum* parce qu'ils n'ont pas de relation avec la loi d'action de masses : tels sont la question de la présence des ébauches de bourgeons seulement en certains points définis de la feuille de *Bryophyllum*, qui sont les crans de cette feuille, celle aussi de la présence dans la tige d'ébauches de même nature en certains points également définis, au milieu de l'aisselle de la feuille et non dans les entre-nœuds, tandis que les ébauches de racines existent en tout point de certaines couches de l'écorce de la tige.

Il est aussi nécessaire d'expliquer que les bourgeons formés par régénération possèdent toujours le caractère héréditaire de *Bryophyllum* et non d'autres. Bien que l'on n'ait jusqu'ici donné à ces deux problèmes aucune solution, il n'y a aucune raison de supposer que dans cette solution doivent intervenir des facteurs qui ne soient pas purement physico-chimiques.

FIN

DEUXIÈME PARTIE.

LA POLARITÉ DE LA RÉGÉNÉRATION.

FIN DE LA TABLE DES MATIÈRES.

74842　　　Paris. — Imp. Gauthier-Villars et Cⁱᵉ, quai des Grands-Augustins, 55.

9 782329 230412